低碳环保书系
DITAN HUANBAO SHUXI

JIANSHE DITAN HUANBAO XINNONGCUN

建设低碳环保新农村

新农村的新,新在农村的发展能够体现科学发展观的要求,体现和谐社会的要求。随着工业化、城市化的发展,通过城市对农村的反哺,工业对农业的反哺,使农业得到可持续发展的基础,使农村社会能够实现和谐。

韩会凡/主编

中国出版集团公司 | 全国百佳图书
中国民主法制出版社 | 出版单位

图书在版编目(CIP)数据

建设低碳环保新农村/韩会凡主编.—北京:中国民主法制出版社,2013.2
(低碳环保书系)
ISBN 978-7-5162-0307-1

Ⅰ.①建… Ⅱ.①韩… Ⅲ.①农村-节能-基本知识②农村-环境保护-基本知识 Ⅳ.①S210.4②X322

中国版本图书馆 CIP 数据核字(2013)第 034354 号

图书出品人: 肖启明
文案策划: 刘海涛
责任编辑: 胡玉莹　辛德晶

书　名/ 建设低碳环保新农村
　　　　　JIANSHEDITANHUANBAOXINNONGCUN
作　者/ 韩会凡　主编
出版·发行 中国民主法制出版社
地　址/ 北京市丰台区玉林里 7 号(100069)
电　话/ 63055259(总编室)　63057714(发行部)
传　真/ 63055259
　　　　http://www.npcpub.com
　　　　E-mail:mzfz@npcpub.com
经　销/ 新华书店
开　本/ 16 开　710 毫米×1000 毫米
印　张/ 12　**字数/** 186 千字
版　本/ 2013 年 6 月第 1 版　2020 年 6 月第 3 次印刷
印　刷/ 三河市金轩印务有限公司

书　号/ ISBN 978-7-5162-0307-1
定　价/ 23.80 元
出版声明/ 版权所有,侵权必究。

(如有缺页或倒装,本社负责退换)

前　言

21世纪，环保已经成为全世界共同面对的问题。

1973年，我国第一个环境标准——《工业"三废"排放试行标准》诞生；1979年，我国通过了第一部环境保护法律——《中华人民共和国环境保护法（试行）》。截至1998年底，中国历年共发布国家环境标准412项，现行的有361项，其中环境质量标准10项，污染物排放标准80项，环境监测方法标准230项，环境标准样品标准29项，环境基础标准12项，历年共发布国家环境保护总局标准（即环境行业标准）34项。与此同时到1998年，中国共颁布了环境保护法律6部、与环境相关的资源法律9部、环境保护行政法规34件、环境保护部门规章90多件、环境保护地方性法规和地方政府规章900余件、环境保护军事法规6件，缔结和参加了国际环境公约37项，初步形成了具有中国特色的环境保护法律体系，成为中国社会主义法律体系中的一个重要组成部分。

如今，城市的环保问题已经引起人们的广泛关注，与人们生活息息相关的产业更是将环保作为市场竞争和持续发展的重要砝码，城市人群的生活和消费理念在考虑经济实用的同时也更加侧重环保健康的因素。同时，"低碳"、"环保"之类的标签越来越受到城市的青睐，如"低碳城市"已经成为我国城市自"花园城市"、"人文城市"、"魅力城市"、"最具竞争力城市"等之后的最热目标。

然而，农村的环境保护问题同样迫在眉睫。农村环保问题产生的原因有：农村一些地方存在着单纯的经济观念，片面理解"发展是硬道理"而一味追逐经济指标，造成环保指标在经济指标面前被不屑一顾，环境被置于牺牲品地位；一些地方秉承"靠山吃山，靠水吃水"的传统观念，沾沾自喜于"得天独厚"的资源优势，置环保于不顾，选择"杀鸡取卵、竭泽而渔"的掠夺型开发的经济发展模式；一些地区则片面追求城市化速度，农村环境成为城市化的"嫁妆"，将局部利益与整体利益、短期效益与长远利益对立起来，严重违背了自然规律、经济发展规律与可持续发展战略的要求。

此外，广大农民以及农村干部环境意识淡薄，农村人口文化程度整体较低，注重即时利益的小农意识强，环保意识淡薄，对许多根本性的环境问题缺少了解或根本不了解，而且相当一部分的社会公众不愿意主动地去获取环境知识，更不用提积极参与了，因此，农村环保问题面临着更多、更大的困难。

我国是一个农业大国，农村人口接近9亿，占全国人口70%；农业人口达7亿人，占产业总人口的50.1%，有效治理农村环境问题，是实现农业可持续发展的要求，对建设社会主义和谐社会有着尤为重要的意义。

近年来，我国在农村环境法治上作了足有成效的努力，无论在立法上或制度安排上都取得了一定的成效。面对日趋严重的农村环境问题，我国运用法律手段惩处了一些严重危害环境的行为，对遏制环境恶化、促进我国农村环保起了十分明显的作用。但是农村环境法治工作面临着公众守法意识较差、农村环保执法不力及农村环境治理制度安排不足等一系列问题，因此，农村环境治理还是一个很漫长的过程，在农村宣传和普及环保知识无疑是当前最首要的任务。

为此，我们多方查找资料，精心编排了《建设低碳环保的新农村》一书，就农村环境污染的现状、如果处理现有污染、如何发展低碳农业、新能源在农村的利用等问题进行了深入探讨和总结，同时结合国内新农村建设的典范案例，希望为农村的环境保护工作和持续发展尽一份微薄之力。此外，书中如有错误或遗漏之处，也恳请广大读者朋友批评、指正。

最后，让我们一起携起手来，共同建设低碳环保的社会主义新农村，还我们的子孙后代以青山绿水、蓝天白云！

目 录

第一章 农村的环境污染

第一节 农村环境污染概况 ………………………………………… 2
第二节 生活污染 …………………………………………………… 9
第三节 种植业的污染 ……………………………………………… 16
第四节 养殖业的污染 ……………………………………………… 31

第二章 为什么要建设低碳环保的新农村

第一节 建设社会主义新农村 ……………………………………… 40
第二节 建设低碳环保新农村的意义 ……………………………… 48

第三章 如何建设低碳环保的新农村

第一节 树立正确的发展观 ………………………………………… 52
第二节 处理好现有污染问题 ……………………………………… 62
第三节 发展低碳农业 ……………………………………………… 75
第四节 养成节约环保的好习惯 …………………………………… 79

第四章 怎样利用新能源

第一节 中国新能源的发展状况 …………………………………… 86
第二节 太阳能的开发利用 ………………………………………… 89
第三节 风能的开发利用 …………………………………………… 121

第四节　水能和海洋能的开发利用 …………………………… 127

第五节　地热能的开发利用 …………………………………… 132

第六节　生物质能的开发利用 ………………………………… 138

第五章　我国新农村建设典范

第一节　苏州市旺山村 ………………………………………… 160

第二节　河南新乡白马峪村 …………………………………… 166

第三节　天津市生态村 ………………………………………… 168

第四节　安徽宿州市夏刘寨村 ………………………………… 175

第五节　广东梅州市和村 ……………………………………… 180

第六节　重庆市龙宝塘村 ……………………………………… 183

第一章 农村的环境污染

第一节 农村环境污染概况

"一条大河波浪宽,风吹稻花香两岸,我家就在岸上住,听惯了艄公的号子看惯了船上的白帆……"听着这美丽的旋律,你是否已经进入了美好的回忆之中。可是,不知从什么时候起,这条美丽的大河里水已经不再清澈,而是到处漂着垃圾,甚至泛着一种难闻的臭气。

一、农村当前面临的主要环境问题

当前,我国农村的环境污染问题是十分严峻的,点源污染与面源污染共同存在,生活污染和工业污染相互叠加,各种新、旧污染相互交织。其中,点源污染是由工业废水及生活污水固定排入江河造成的。面

第一章 农村的环境污染

源污染是指由沉积物、农药、废料等引起的水层、河岸、大气等生态系统污染。另外,由于空间的问题,使工业污染和城市污染开始向农村慢慢地转移。这些问题主要有以下几点:

1. 农村生活污染加剧

据测算,我国农村每年产生生活垃圾约2.8亿吨,生活污水约90多亿吨,人粪尿的年产生量为2.6亿吨。这些生活垃圾绝大多数没有得到有效处理,通常是生活污水和垃圾随意倾倒、随地丢弃。尽管现在很多农户都盖了新房子,家里布置得很整洁,但是,村落里依然是脏、乱、差。

2. 农村饮用水存在安全隐患

全国有3亿多农村人口饮用水不安全,其中因污染造成饮用水不安全的人口达9000多万人。大多数农村饮用水源地没有得到有效保护,监测监管能力薄弱,更没有相应的治污设备和足够的治污资金。

3. 面源污染和土壤污染日益突出

我国是世界上化肥、农药使用量最多的国家。据不完全统计,我国每年施用的化肥和农药分别达4700万吨和130多万吨,而利用率仅为30%左右,大量化肥和农药都渗进土壤或随雨水流进河流,造成土壤污染、地下水污染和地表水污染。目前我国受污染的耕地约有1.5亿亩。

4. 畜禽养殖和农业生产的废弃物污染严重

畜禽粪便年产生量达27亿吨,超过80%的规模化畜禽养殖场没有污染治理设施。在一些地区,畜禽养殖污染成为水环境恶化的首要原因。每年农耕生产产生的6.5亿吨各类农作物秸秆大多被焚烧或堆积在田间地头自然烂掉,根本没有得到很好的利用。每年地膜残留量高达45万吨,加剧了土壤污染。

5. 农村的工矿污染突出

由于乡镇企业布局分散,工艺落后,绝大部分没有污染治理设施,导致环境污染严重。由此引发的纠纷及上访事件呈上升趋势。城市工业

污染"上山下乡"现象越来越多,全国因城市和工业固体废弃物堆存而被占用和毁损的农田面积已超过200万亩。

6. 农村的生态破坏严重

在我国的一些农村还存在大量掠夺式的开矿采石、挖河取沙、毁田取土、陡坡垦殖、围湖造田、毁林开荒等不合理行为,很多生态系统功能遭到严重损害。

二、农村环境问题的主要成因

1. 对农村环境保护的紧迫性和重要性认识不足

我国现有的环境管理体系主要是针对城市和工业污染防治建立的,而对农村环境问题重视不够,缺乏城乡统筹考虑。一些地方仍采取的是"先污染,后治理"的老套路,注重经济发展,忽视污染治理和生态保护。

2. 农村环保法律法规和制度不健全,监管能力薄弱

农村环保工作起步晚、基础差,缺乏农村环境保护的专门法律法

第一章　农村的环境污染

规,例如,畜禽养殖污染防治、土壤污染防治、面源污染防治、农业废弃物资源化利用等方面的相关立法还处于空白阶段。农村环境监管能力严重不足,大多数基层环保部门经费紧张,人员不足,监测设备大多陈旧落后,无法开展农村环境监测和监察工作,地方政府对辖区环境质量负责的法定职责得不到履行。

3. 农村环境基础设施建设严重滞后

长期以来,我国在农村环境保护方面的投入十分有限,缺乏投融资机制和政策,村镇生活污水、垃圾处理设施严重缺乏。目前,全国有近4万个建制镇和集镇绝大部分没有集中的污水处理设施,300多万个村庄的生活污水大部分未经任何处理,随意流淌。据有关调研统计显示,西部部分省区乡镇生活垃圾无害化处理率不到5%;淮河流域及南水北调沿线区域的15个市农村生活垃圾处理率不足40%,生活污水处理率不到20%;即使在经济较发达的江浙、沿海地区建设垃圾转运站的乡镇也很有限。

4. 农村环保科技支撑薄弱,缺少有力的宣传和培训

由于多种因素,农村环境保护工作尚未建立起配套的科技支撑体系。农村的环保多是直接套用城市环保的办法,很少重视科技创新,缺乏适应农村地域特点的农村环保适用技术。农村地区的环保宣传教育和培训还很有限,导致群众甚至一些干部的环境保护法制观念不强,环境保护意识淡薄。

三、解决农村环境问题的主要办法

1. 建立统筹城乡发展的环境保护管理机制

坚持以城带乡、以镇带村的发展原则,将农村环境保护工作纳入城乡统筹范围。加强城乡基础设施的统筹规划,加强城市各项环保基础设施、公共设施向农村地区的辐射和延伸,并根据乡村自身的特点,合理

确定服务内容和配套设施的标准。离城镇较近的村庄，生活污水和垃圾尽可能就近纳入城镇收集、处理网络，由城镇垃圾处理设施统一处理；远离城镇的偏远村庄，在充分考虑当地地理条件、经济发展程度和人口规模等因素下，自愿选择适合当地的污染治理模式。城镇环保部门应切实加强对城郊结合部及远郊的农村环境保护工作，逐步实现城乡环保一体化。

2. 制定各级农村环境保护规划

统筹城乡发展规划，将农村环境保护纳入城镇总体规划中。以改善农村环境、优化经济增长、提高生态文明为核心，制定各级农村环境保护规划，统筹各部门的资源，集中解决当前农村经济发展中的环境突出问题。要明确指导思想、分期目标和重点方向，引导新农村建设朝着健康、可持续的方向发展。县、乡镇政府部门在制定村镇建设规划时应以科学发展观为指导，注重与自然环境的和谐相处，强化环境保护内容的前置约束作用。

3. 加强农村环境保护制度性建设

建立健全有关政策、法规和标准体系，要把农村环保作为对干部政绩考核的硬性指标之一，把农村环境治理工作纳入政府综合决策机制和重大事项督查范围。制定促进农业废弃物综合利用、有机食品加工、有机肥推广使用等有关政策，依法加强对农村环境的监督管理。加快农村环境保护机构的建设，提高农村环保机构的业务能力。省、市环保部门应专人专职负责农村生态环境保护工作，在乡镇或中心镇设立县环保部门的派出机构，充实基层环保力量。保证必要的工作经费，逐步建立农村环境应急预警机制，妥善处置农村环境污染中的突发事件。

4. 建立多元化的生态补偿机制

建立健全河流上下游之间的生态补偿机制，促进全流域在整体上达到经济效益、社会效益和生态效益的协调发展和最佳配置。建立国家生态补偿专项资金，用于跨省行政区域的流域生态补偿；建立省级生态补

第一章 农村的环境污染

偿专项资金,用于跨市行政区域的流域生态补偿。补偿专项资金每年由国家或省级政府统一划拨,专款专用。开征生态补偿税,集中财力支持重点生态区域的生态保护和建设。建立财政转移支付机制,上游地区为保护和改善生态环境抑制了地方经济发展,下游地区政府应对上游地区进行财政补偿。

5. 强化农村环境污染治理资金保障机制

农村环境污染整治工作量大、面广,需要投入大量的资金,仅靠地区财政或单方面的力量很难实现,必须建立以各级政府财政支持为导向、集体和农户投入为主体、工商企业及社会团体等其他社会资本共同参与的稳定投资渠道。加强财政资金的专项转移支付力度,明确解决农村环境问题的资金渠道,统筹安排新农村建设的各项资金使用。从财政、税收、信贷、价格等方面制定优惠政策,多方面配合建立乡镇企业的进园机制,以利于污染的集中治理。另外,积极建立污染治理市场化机制,变"谁污染谁治理"为"谁治理谁收益",积极构筑面向市场的环保技术服务体系。

6. 研究并推广农村环保实用技术

加大科研力度,因地制宜地开发低成本、高效率的污水和垃圾处理技术。农办、环保、农林、科技等部门应加强对农村污染治理技术的服务指导,并把这一工作纳入各部门的职责范围,开展试点工作。加快现有成果的转化和推广,特别是针对不同地区环境特点,采取成本较低的环保技术,结合发展循环农业经济,清洁生产,把畜禽养殖污染治理、秸秆等废弃物综合利用有机结合起来,实现农村生活污水的生态化处理和粪便、垃圾、秸秆等的资源化利用。因地制宜推广太阳能、风能、沼气等适合农村使用的清洁能源。

7. 加大农村环保宣传教育力度

广大农民朋友既是农村环境保护工作的受益者,同时又是农村环保的主力军。应加强指导、宣传教育和培训工作,充分利用黑板报、宣传

栏、广播、电视、报刊、网络等一切媒体手段，开展多层次、多形式的舆论宣传和科普宣传，积极引导广大农民从自身做起，自觉培养健康文明的生产、生活、消费方式。农村主要领导干部，在农村环保中具有导向性作用，应采取有效措施，着重提高他们的环境保护意识。在中小学开展环境保护教育，组织实施环境保护实践，让他们从小培养保护环境的理念。充分利用中国环保日（3月25日）、世界环境日（6月5日）等契机，以生态人文为特色，提升农村文明程度，使环保意识、绿色消费等观念深入人心。开展农民素质培训活动，鼓励农民积极参与新农村环境创建活动。

第一章　农村的环境污染
DI YI ZHANG NONG CUN DE HUAN JING WU RAN

第二节　生活污染

一、生活用品污染

1. 洗涤剂污染

我们生活中品种多样的洗发水、沐浴液、洗洁精等都属于经过一定化学加工的合成洗涤剂，由于它们具有良好的清洁效果，一直深受欢迎。据统计，全世界每年约消费掉4300万吨洗涤用品，其中合成洗涤剂就占到3500万吨。在我国，合成洗涤剂的使用也占到洗涤剂总量的70%。

我们日常用的洗衣粉中起去污作用的是一种叫三聚磷酸钠的助剂。由于它在水的软化、固体污垢分散、酸性污垢去除等多方面的独特作用，人们对它的使用量开始逐渐加大。但是问题也随之而来，因为三聚磷酸钠在完成去污使命后会随污水被排入各种水域，造成了水体的富营养化。据报道，武汉东湖、杭州西湖、长春南湖、安徽巢湖、昆明滇池、无锡太湖等水域的含磷量（少于0.1毫克/升）都大大超过我国环境保护标准规定的最大剂量，水中磷的污染有50%来自洗涤废水。

有科学试验表明，1克磷排入水中，可使水内生长蓝藻100克。这种蓝藻能产生致癌毒素，并透过水体散发出令人难以忍受的气味。例如，2007年5、6月份，供3000万人生活和生产用水的无锡太湖，由于磷的污染，导致水质富营养化严重，藻类疯狂增长，造成无锡市自来水厂取水口堵塞，水厂被迫停水。

此外，含磷洗涤剂会影响人体健康。一些医学专家指出，"禁磷"

不但是一个环保课题，更是一个关乎人体健康的医学课题。由于高磷洗衣粉对皮肤产生直接刺激，家庭主妇在洗衣服时手臂会产生烧痛的感觉，而洗后晾干的衣服直接接触身体又让人瘙痒难耐。以往由于高磷洗衣粉的直接、间接刺激，手掌的烧灼、疼痛、发痒、起泡、脱皮、裂口成为皮肤科的多发病，并且经久难愈；而合成洗涤剂也已成为接触性皮炎、婴儿尿布疹、掌跖角皮症等常见病的直接原因。

所以，市场上逐步出现了无磷洗衣粉。那么，无磷洗衣粉是否意味着就是环保产品呢？环保专家表示，无磷洗衣粉由于不含有磷，对环境污染减小，但是其替代品依然会污染环境。此外，什么样的洗涤产品才是"环保产品"，目前尚没有明确标准。

2. 油烟污染

食用油在高温下经热氧化分解，其产物以烟雾的形式散发出来，在空气中形成油烟雾。油烟中主要含有脂肪酸、芳香烃、烷烃、醛、脂和杂环化合物等。有资料表明，在烹饪油烟中发现220多种挥发性化合物，有些化合物还具有致癌性。在我国农村，由于经济条件限制，大多在没有除油烟机的环境下炒炸烹饪，油烟污染更为突出。

3. 蚊香污染

夏天，由于蚊子很多，许多家庭会买一些蚊香，靠点蚊香来驱蚊。目前，蚊香只有相关行业标准，而没有安全标准，市场上销售的蚊香质

第一章　农村的环境污染

量良莠不齐，劣质的蚊香会损害人体的健康。

大多数蚊香的有效成分（0.2%～0.3%）是拟除虫菊酯杀虫剂，这种物质可以有效地杀死蚊子，但是对人体也是有害的。其中的多环芳香烃是蚊香的基料，属可致癌物；羰基化合物（如甲醛和乙醛）会刺激人的上呼吸道；苯是一种能使神经系统中毒并可致癌的物质，长期接触还会损害骨髓。业内有专家说："点一盘蚊香相当于抽6盒香烟。"由于蚊香释放的超微粒可进到并停留在肺里，短期可能引发哮喘，长期则可能引发癌症。许多农户在点着蚊香时喜欢把门窗关闭，以为这样就能彻底杀死蚊子。其实，这样做会使有害气体长时间留在室内，反而损害身体。

点蚊香的目的不是杀蚊而是驱蚊。因此，睡觉时如果能用蚊帐或纱窗把蚊子隔绝在外面，那就不用点蚊香。必须使用蚊香驱蚊时，要注意通风防毒，最好选用天然安全的蚊香。使用时要把蚊香放在通风口，如房门口或窗台前。如果蚊香很难点着或者点燃后发出刺激性气味，应立即停止使用。

4. 烟草污染

我国是世界上第一大烟草消费国，吸烟人数、烟叶收购量及卷烟产销量都稳居世界第一位。近年来，我国吸烟人数和吸烟量呈迅速上升趋势，并且吸烟人群有低龄化的趋势，尤其是在农村。农村男性吸烟率高达52.1%，吸烟既严重危害吸烟者自身的健康，又危害到周围被动吸烟者的身心健康，还影响了居室的空气质量。农村居民的吸烟习惯与生活环境密切相关，如农闲时、茶余饭后，亲朋好友常常互相敬烟以示友好，或者靠吸烟消磨时间。而且由于经济条件的限制，农村居民吸的烟通常档次较低，如旱烟、水烟，还有的甚至是劣质卷烟。科学研究证明，吸烟量越多、烟龄越长、烟的质量越差，吸烟者所受的毒害就越大，同时对室内空气的污染程度也越严重。

研究表明，香烟烟雾中含有3000多种有害化学物质，主要包括一氧化碳、二氧化碳、氮氧化物、烃类、醛类、酮类、多环芳烃等化合物，这些有害物质大多数以气态或气溶胶的状态存在。以气溶胶存在的主要成分是富含多环芳烃的焦油和烟碱。香烟烟雾正是室内空气污染物如细颗粒物等的重要来源之一。

另有研究表明，被动吸烟发生率可达89.08%，而且农村被动吸烟发生率远远高于城市。在农村的家庭生活中，特别是妇女和儿童深受其害，他们长期暴露于被动吸烟环境中，发生有害刺激症状、神经系统症状的危险性明显增高。

二、生活垃圾污染

1. 农村生活垃圾污染现状

随着我国农村经济的快速发展，农民的生活水平在不断提高，由于食品包装化、厨房煤气化等逐渐普及，农村生活垃圾的成分也变得越来越复杂，垃圾的数量急剧增加，造成的公害在全国各地都有不同程度的存在。

垃圾成堆，没有好的处理方法，已成为令农民十分头疼的事。不断成熟的市场经济，正在改变广大农民的传统生活习惯。他们和城里人一样上超市、逛商场、大包小包地购物。很多不可降解物悄悄地进入农村，使这里也产生出堪与城市"相媲美"的"白色污染"。随着工业化进程的加快，农村的生活垃圾由过去易自然腐烂的菜叶、瓜皮发展到塑料袋、快餐盒、废电池与腐败植物的混合体，其中很多东西无人回收，不可降解，严重污染了环境。

在农村堆积的垃圾中，成分十分复杂，其中有塑料袋、塑料泡沫；有空农药瓶；有煤渣、烂衣服破鞋、破石棉瓦、碎玻璃；还有工业垃圾、建筑垃圾、变质过期的药品等及其他有毒、有害物质。由于农村受经济条件所限，既没有垃圾存放点，也没有垃圾处理场所。日积月累，

第一章 农村的环境污染

垃圾越堆越多，污染也越来越严重。不少垃圾被堆放在道路两旁、田边地头、水塘沟渠，散发出恶臭的气味，严重污染着水源、土壤。有的地方垃圾堆成了山，大风一来，纸屑、塑料袋漫天飞舞；大风过后，一些废物悬挂在树枝和电线上，既不雅观也污染环境。

2. 农村生活垃圾的危害

据统计，农村堆积的生活垃圾每年有3亿吨，其中约1.4亿吨来自城市生活垃圾的转移。而现有的垃圾处理厂的数量和规模远远不能适应城乡垃圾快速增长的要求，大部分生活垃圾仍在露天集中堆放状态，对农村环境的即时和潜在的危害都很大，污染事故频频发生，污染危害日趋严重。造成目前未能处理的垃圾堆存量多达100亿吨，侵占的土地面积多达5亿～7亿平方米，占用了宝贵的土地资源，形成严重的生态问题。

（1）对大气环境的影响

堆放的生活垃圾，其中粉尘、细微粒等可随风飞扬，从而对大气环境造成污染，特别是堆积的废物中，由于某些物质的分解和化学反应，会不同程度地产生毒气或恶臭，造成区域性空气污染。

（2）对水环境的影响

在农村有很多生活垃圾被直接倾倒于河流、池塘，使得水质直接受到污染，严重危害水生生物的生存条件，并影响水资源的充分利用。此外，堆积的固体废弃物经过雨水的浸渍和废物本身的分解，其渗透液和有害化学物质不断转化和迁移，会对附近地区的河流、地下水系和资源造成污染。

向水体倾倒固体废弃物可使河面的有效面积缩小，导致其排洪和灌溉能力降低。据我国有关单位的估计，由于江湖中排进固体废弃物，河面有效面积比20世纪50年代减少了约133.33万公顷。目前在我国一些地区每年仍有成千上万的城乡生活垃圾直接倾入江、河、湖之中，其所产生的严重后果是可想而知的。

(3) 对土壤环境的影响

城乡生活垃圾及其渗透液中所含的有害物质会改变土壤的性质和土壤结构。这些有害成分的存在，不仅对土壤中微生物的活动产生影响，有碍植物根系的发育和生长，而且还会在植物体内蓄积，通过食物链危及人体健康，其中的剧毒性废物很容易引起即时性的严重破坏，并对土壤造成持续性的影响和危害。

三、生活污水污染

1. 农村生活污水污染的现状

随着我国农村经济的快速发展，农民生活水平的提高，农村大量生活污水任意倾倒，已成为农村重要的污染源。曾有记者在农村一些餐馆看到这些现象，服务员将洗菜水、剩汤等随手泼到地上，餐馆后面的厕所不断流出散发着臭味的污水，通过一条水渠直接流入附近农田。据有关部门近年来的多次农村调查监测显示，多数水体水质下降，部分农田土壤肥力减弱，这些都与生活污水直接排放有很大关系。

第一章 农村的环境污染

2. 农村生活污水的危害

2005年,原建设部对全国部分村庄展开调查,据相关数据表明,全国有96%的村庄没有排污沟渠和污水处理设备。因此,污水横流的现象导致地表水中的有机物和氨态氮超标,这不仅严重影响了村容村貌,而且直接危及广大农民群众的身心健康。农村人口饮水不安全,导致一些农村地区疾病流行。

据调查,我国沿江一些农村地区,由于受大量工业污水和生活污水的污染,甚至出现了"癌症村"。因饮用水问题,一些农村地区出现了斑牙病、皮肤病、结石病等疾病。

第三节　种植业的污染

一、农药污染

自20世纪40年代开始，人类开始使用农药除虫、除草，每年可挽回农业总产量约15%的损失。

目前，我国每年生产的农药品种大约有200多种，加工制剂500多种，原药的生产量约40万吨（折纯）。农药的大量使用，一方面使病虫害得到了有效控制，另一方面对农村大气资源、水资源、土地资源带来了严重污染。

农药对环境的污染主要来自两个方面，一是田间喷施的农药，二是农药生产厂的"三废"排放。

1. 农药的分类

农药按其防治目标主要分为以下4类：

（1）杀虫剂

包括胃毒剂、接触毒剂和熏蒸剂。胃毒剂是通过昆虫口腔进入，然后通过消化器官被全身吸收，从而达到治虫效果。胃毒剂的主要成分为砷和氟的化合物，其他还有汞化合物、硼化合物、锑化合物、铊化合物、黄磷和甲醛等。接触毒剂通过身体皮层或呼吸系统进入体内，作用于神经系统、呼吸系统或血液。近年来，大多数新合成的有机杀虫剂都是接触毒剂，其中包括氯化烃、氨基甲酸酯、有机磷酸盐和从植物中提取的天然有机化合物。熏

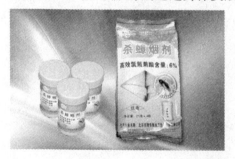

蒸剂多为化学药品,一般在密闭的空间内将气体、液体或固体加热使其产生蒸气,从而达到杀灭害虫的目的。常用的熏蒸剂有氰化钙、甲基溴、四氯化碳、二硫化碳、烟碱、萘以及其他化合物。

(2) 杀菌剂

杀菌剂主要用于预防或消灭植物的真菌病害,杀死病原物,或抑制病原菌生长。

(3) 除草剂

除草剂是对杂草有毒杀作用的化学品。非选择性除草剂有亚砷酸钠、氯酸钠、硫酸和一些油类,它们几乎可以杀死所有的植物。选择性除草剂只能杀死某些类型的植物,如硫酸低价铁对蒲公英有毒杀作用。

(4) 灭鼠剂

灭鼠剂是消除鼠类的药剂,其中的"灭鼠特灵",是一种直接和速效的鼠类毒剂,其选择性很高,对其他动物毒性很小。

除以上常见的 4 种农药外,还有杀螨剂、杀线虫剂、杀软体动物剂、植物生长调节剂等。

2. 农药的污染和危害

农药的使用对农产品的生产十分必要,也是农产品增产的重要措施。到目前为止全国农药年使用量约 130 万吨,但只有约 1/3 能被作物直接吸收利用,大部分都进入了水体、土壤及农产品中,使全国耕地遭受到不同程度的污染,且对农产品所产生的副作用越来越突出,对生态环境的破坏也日益严重,已成为社会经济可持续发展中非常突出的一个问题。

近年来,由于农产品中高毒农药残留量超标而造成的中毒事故屡有发生。例如,1984 年,黑龙江省某县在大白菜上施用呋喃丹,造成数百万千克的大白菜被污染;江西省某市也曾检出小白菜、甘蓝中乐果农药残留量超标 8 倍;1985 年,浙江省 80 人因食用含有剧毒甲胺磷的菜花导致中毒;1985~1986 年浙江省抽检 13 个县的市售蔬菜,农药超标率达48%；1987年7月~1988年10月，香港市民因食用深圳等地输往香港的菜心造成670多人中毒，损失150多万港元；1994年，广东省某地仅上半年就发生食用蔬菜中毒事件百余起，仅一次食用喷施过甲胺磷农药的通心菜就造成66人中毒；1992年安徽省安庆市发生一起有机磷农药的中毒事故，最终11人因抢救无效而死亡，事后查明是承运面粉的车辆被污染所致；1998年由于食用含有残留农药的蔬菜，造成珠海市某学校学生集体中毒事件，23人被送往医院接受治疗；柳州市某技工学校238名学生在校外的快餐店吃米粉时发生中毒，被送进医院抢救，经初步诊断为食物中含有有机磷农药所致。所以这些触目惊心的事实表明，农药污染已成为一个亟待解决的社会问题。

（1）农药对水体的影响

施入农田的农药，由于地表水的流动、降雨或灌溉，流入沟渠、江河，污染水域，从而危害水生生物。特别是高毒的有机磷农药，其中高残留的有机氯杀虫剂已成为农村地表水的主要污染源之一。农药厂排放的废水，以及在河边洗涤施药用具，倾倒剩余废弃药液等也是造成水质污染的重要原因。

另外，农药对地下水的污染也是不容忽视的。农药对地下水的污染是由于渗漏以及地表、地下水的交换造成的。1986年，美国已有23个州发现了地下水被农药污染。加利福尼亚州2000多口水井中已发现50多种农药，最高含量竟达700微克/千克。我国湖北等省份的农村地区也曾发现地下水不同程度地被农药污染。

（2）农药对大气的影响

大多数农药都是通过溶解、稀释后经农业机械喷向农作物，在此过程中，有无数微小的药粒就会进入大气，形成大气污染，特别是一些无味无刺激性易挥发的药剂，极易被人们忽视，通过呼吸进入人体，引起中毒。此外，农作物、土壤或水中残留农药的挥发也会造成大气污染。含有农药的飘尘在风的作用下，可以越过高山，跨过海洋，到达地球的

第一章 农村的环境污染

每个角落。如自1974年禁止在茶树上使用"六六六"粉、DDT以后的数年里,多数产区的茶叶中"六六六"粉含量仍超过国家允许标准(0.2毫克/千克),主要原因就是茶区周围稻田使用的有机氯农药随风漂浮在茶树上。直到1981年我国全面禁用"六六六"粉、DDT以后,这些农药的残留量才明显下降。

大气中农药污染的程度因地而异,在喷药地区上空的大气中,农药含量明显高于其他地区。大气中悬浮的农药微粒,经雨水溶解最后降落在地表,因而雨水中农药的含量是调查大气污染情况的很好依据,同时还能用来查明大气污染在季节上的变迁动态。有机磷农药尚未出现像有机氯农药那样对大气造成的严重污染,但是在施药中或施药后不久,大气中的含量明显高于周边地区。

(3) 农药对土壤系统的影响

田间施药时大部分农药都落入土中,即使附着在作物上的那部分农药,有些也会因风吹雨淋落入土壤中,这就是造成土壤污染的主要原因。使用浸种、拌种、毒谷等施药方式,以及为了防治地下害虫,有些农民将农药直接洒在土壤中,造成污染的程度更大。

农药进入土壤后,一部分被植物和土壤动物及微生物很快吸收;一部分通过物理、化学等作用逐渐从土壤环境中消失或转化;还有一部分则以保留其生物活性的形式残留在土壤中,通常把农药在土壤中的残留时间作为农药残留性的指标之一。

农药对土壤生态系统造成的不良影响首先表现为对土壤中动物的危害。据报道,"1605"农药对几种步甲虫的影响要比乙拌磷、二嗪农等都大得多,对跳虫的毒性超过"六六六"粉、DDT,甚至超过呋喃丹和涕灭威,与甲拌磷同属毒性最高的一类。农药对蚯蚓的危害更应该引起重视,其中西维因对蚯蚓的毒性最高。其他杀虫剂如七氯、氯丹、甲拌磷、呋喃丹对蚯蚓的毒害也很大。杀菌剂如威百亩、溴甲烷也是对蚯蚓毒性高的药剂。除草剂对蚯蚓的毒性一般不高,常用剂量影响不大。但

由于除草剂会导致土壤植被减少,从而间接影响蚯蚓种群。而蚯蚓对维持土壤肥力和结构有非常重要的作用,因此,影响蚯蚓数量的任何一种农药,最终将影响土壤的肥力和结构。另外,当施用农药后,土壤微生物都会受到不同程度的影响,使土壤微生物的种群和数量发生变化,进而影响生态系统的物质循环,改变营养物质的转化率,使土壤的生态系统功能下降。

(4) 农药对农产品安全性的影响

根据浙江大学的专家调查,1984~1998年这15年间,浙江省农药的施药总量年均增长4.5%,单位面积的用药量几乎增长了1倍,年均幅增5.79%。过多、过滥地施用化学农药,虽然杀死了大量的害虫天敌,但是也使害虫抗药性不断增强,导致农民在农产品生产过程中更多次、更多量地施用农药,严重威胁了农产品的食用安全。现在,许多农民还很少考虑施药对农产品安全的负面影响,虽然法律已明令禁止在水果、蔬菜、茶叶等农产品生产中使用高毒农药,但农民为了片面追求治虫效果往往会选择高毒的农药。

第一章 农村的环境污染

另外,农产品采收也常常不执行农药安全制度。一些农民为了其生产的农产品有更好的商品性,在农产品生产过程中大量使用激素类农药,如膨大剂、着色剂、催熟剂、增抗虫剂、增糖剂、保花保果剂等。特别是瓜果类使用膨大剂的情况最为普遍,如一些农户在种植葡萄、西瓜、猕猴桃时,滥用激素类农药的现象越来越普遍,直接影响农产品的安全。

浙江省农药鉴定管理所曾在1998年7月3~5日对杭州市朝晖、大关、德胜等农贸市场销售的小白菜等进行随机取样检测的27批次样品中,有8批次测出甲胺磷残留,占29.6%;在检测的27批次中有5批次检出氰戊菊酯残留,占18.5%。1999年7~9月份,该所又在杭州市、嘉兴市、金华市、宁波市的蔬菜基地,共采集了小白菜、茭白、豇豆等样品19批。采用多残留检测方法对甲胺磷、甲拌磷、呋喃丹、甲基对硫磷、乙酰甲胺磷、毒死蜱等高毒农药进行残留检测。从19批样品中共检出甲胺磷残留的有18批,最高含量为5.55毫克/千克,最低的为0.03毫克/千克;有1批检出乙酰甲胺磷,含量为0.51毫克/千克;有3批检出毒死蜱,含量为0.03~0.13毫克/千克。其中金华市抽检的6批小白菜样品中,甲胺磷残留检出率为100%,且残留含量均较高,4毫克/千克以上的有3批;宁波市的7批样品中检出甲胺磷残留;杭州市抽检样品中检出4批含有甲胺磷。

(5) 破坏生态平衡,威胁生物多样性

高毒农药的使用使得自然界中害虫与害虫的天敌(如天敌昆虫、蛙类、鸟类、蛇类等)之间原有的平衡关系被打破,也就是说,当施用这些农药时,对害虫与非目标生物的毒杀是同时进行的。而在农药施用后,幸存的害虫仍可依赖作物为食料,重新迅速繁殖起来,而以捕食害虫为生的天敌,在害虫未大量繁殖恢复以前,由于食物短缺,其生长受到制约。比如,使用对硫磷防治蚜虫时,食虫瓢虫、草蛉、食蚜蝇等大量被杀死,而这些有益昆虫恢复生长的时间比蚜虫长,可能引起施药后蚜虫的再次大爆发，从而造成农药反复使用使生态环境不断恶化，更使许多物种因衰竭死亡而灭绝，对生态系统的结构和功能产生严重的危害。

目前，在我国的许多粮食高产区都已变成了农药使用的高量区。据抽样调查显示，农药使用量由1985年的4.65千克/公顷上升到1991年的15.9千克/公顷，增加了3倍，平均每年递增41.8%。

由于农药的大量施用和滥用，施药区的水质受到污染，生态平衡被破坏。在这些农药使用高量区，青蛙、鱼类大量减少，稻田里泥鳅、黄鳝绝迹，蚕农饲养的蚕时常死亡，还直接殃及山林鸟类，鸟类因食入被农药杀死的昆虫后中毒死亡的现象屡屡发生。

同时，农药使用后通过在食物链上的传递与富集，使处于食物链高位的物种遭受更大的毒害风险。

我国的鸟类种类繁多，共有1244种，其中属于国家一级保护的有37种（或类），二级保护的有74种（或类）。部分高毒农药的使用，已对我国国家重点保护的鸟类造成了极大的危害。

例如，呋喃丹是我国生产量较大的农药品种之一，使用范围遍及全国各地。实验表明，一粒呋喃丹颗粒剂就足以致死一只较小的鸣禽，在玉米田里使用最低剂量的呋喃丹也可以毒死因食用一条受污染蚯蚓的鸣禽。鸟类摄食呋喃丹颗粒染毒的植物，捕食或摄食昆虫、土壤无脊椎动物的染毒活体或尸体，及饮用受污染的水，都可能造成中毒致瘫和死亡。

1995年，我国对东北地区呋喃丹使用情况及其对鸟类的潜在危害的初步调查结果也表明，该地区共有国家一、二级重点保护的鸟类有86种，其中有85%的鸟类将有可能受到呋喃丹的危害。另据调查，在多年使用呋喃丹的浙江省义乌市某甘蔗种植区内，在一个有低丘陵地、村庄、农田组成的约5平方千米的生态环境中，仅发现了一只麻雀；在使用多年呋喃丹的甘蔗地1平方米的耕作层土壤中，只发现3条蚯蚓，

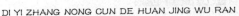

第一章　农村的环境污染

而在邻近未施用呋喃丹的对照地中有30多条。

另据江苏省盐城丹顶鹤保护区的资料显示，1995年播种小麦时，农民为了防止地下害虫用呋喃丹拌种，使保护区内2只丹顶鹤觅食了河沟内的死鱼、死虾而中毒致死。由此可见，呋喃丹的使用已危及到普通的鸟群和珍稀鸟类的安全。

因此，控制呋喃丹等剧毒农药对鸟类的危害，保护珍稀濒危鸟类的安全，是有关部门迫切需要解决的问题，更是广大农民应该意识到的。

(6) 农药污染造成巨大的经济损失

许多农药在生产、运输、销售以及使用过程中，由于没能得到有效的监督管理，因此，各类严重的污染事故经常发生，给国民经济造成了巨大的损失。

1995年7月~1996年8月，在黑龙江、江苏、广东等19个省（市、自治区）共发生药害2000多起，药害面积达13万公顷以上，直接经济损失近5亿元。这不仅给农业生产带来巨大的影响和损失，更直接影响到受害农民的经济和生活。

1997年夏季，辽宁省昌图县水稻种植地区，引用了条子河上游吉林省某化工厂生产除草剂阿特拉津时排放的工业废水进行大面积的稻田灌溉。由于灌溉水体中含有高于0.1毫克/升浓度的阿特拉津，结果造成了该县2800多公顷的稻田秧苗死亡、绝收，直接经济损失多达4200多万元，给当地农民的生活造成极大的困难。值得思考的是，当时我国在"国家污染物排放标准"中对阿特拉津的使用剂量尚无规定,所以无法对直接责任人追究法律责任。同年夏季,河北省衡水地区的农民为了防治棉田虫害,从一家农药厂购买了一种名为"林丹"的农药,农药喷到田地之后,绿色的棉花开始枯萎,农民们眼睁睁地看着自己赖以为生的67公顷棉花全部死亡。经国家农药监督检验中心实验室检验,当地农民使用的农药,完全是一种劣质农药。这次农药灾害导致的直接损失达100万元。然而,就在衡水事件发生不久,河北吴桥、博野两地又传来噩耗,由于使用了同一种农药,这两个地区又有20公顷棉花绝产。

1997年10月,江苏省丹徒县高桥镇一些蚕农,用塑料袋装着已上山的秋蚕,陆续来到镇政府,反映蚕上山不吐丝结茧,要求政府调查处理。后经调查得知,该镇共发秋蚕种1350张,能上山吐丝结茧的不到40%,给桑农造成重大经济损失。经中国科学院镇江蚕研所化验鉴定,蚕受到农药污染发生慢性中毒,这是受水稻治虫用药的影响。该县丁岗、大路、石桥等乡镇也出现过类似事件。这些事件只不过是我国每年发生的严重农药污染事件中的一小部分而已。农药的大量施用,尤其是滥用农药使农产品中农药残留量超标,不仅造成人员中毒伤亡,而且还影响到我国的进出口贸易和国际信誉。由于我国出口的农副产品中农药残留量超标,屡屡发生国外拒收、扣留、退货、索赔、撤销合同等事件,造成了巨大的经济损失,并严重影响了我国的外贸信誉。

农药污染的最终结果是危及人类自身的健康。农药在使用的过程中,大多是通过人体直接接触而对人体造成危害。造成接触污染的原因主要有以下几点:

第一,农药的日常使用离不开人手的接触。

第二,有些农民防中毒意识薄弱,经常直接使人体皮肤接触农药。

第三,在喷雾时不习惯于带防毒口罩。

第四,操作完后不用碱性皂充分洗手消毒,结果使农药通过汗腺进

第一章 农村的环境污染
DI YI ZHANG NONG CUN DE HUAN JING WU RAN

入人体，引起中毒。

如果农药在人体内的含量超过了正常人的最大承受限度，将会导致机体正常的生理功能紊乱和失调，引起病理改变和中毒危害。农药可以对人体生殖机能产生影响，造成不育和后代畸形。据统计，1981～1985年，我国平均每年有10万多人发生农药中毒事故，死亡万余人。近年来，中毒人数和死亡人数呈明显的上升趋势。

有机磷与氨基甲酸酯类农药，因具有在环境中降解快，残留期短的优点，而作为有机氯农药的取代物，自1983年以来在我国开始大量使用。但是由于其大部分属剧毒药品，中毒伤亡事件时有发生。据统计，1995年、1996年两年内黑龙江、广东、江苏等几个省（市、区）农药中毒人数就达数万人，死亡数千人，不仅对农业生产带来影响，更威胁到当地农民的生命安全，已成为一个急需解决的社会问题。据26个省市1992～1996年间的不完全统计，共报告农药中毒事件247349例，致死人数达24612人，年均病死率为9.95%，其中江苏、湖北、山东、浙江4省报告的中毒和死亡事件分别占其总数的63.3%和58.5%，由杀虫剂引起的中毒事件占总中毒事件数的86.3%。

二、化肥污染

目前，我国年化肥施用量折纯达4100多万吨，占世界总产量的三分之一，并成为世界第一大化肥消费国。化肥的大量使用，在农作物高产方面做出了很大贡献。但是，过量、不均衡施肥不仅降低了农产品的品质，增加了农业生产成本，还给环境带来严重污染。

据中国农科院土肥所调查显示，全国已有17个省氮肥平均施用量超过国际公认的上限225千克/公顷。河南省农业厅土肥站的调查表明，目前该省每年施用的300多万吨化肥中，只有三分之一能被农作物吸收，有三分之一进入大气，其余三分之一滞留在土壤中。残留的化肥已

成为巨大的污染暗流。河南省农业环境保护监测站对 14 个县的监测表明,区域内已有 5% 的耕地被农用化学物质污染,目前污染面还在不断扩大,局部地区土壤恶化严重。

施肥对农业环境的污染包括土壤污染、水体污染和大气污染等,其造成的危害是不容忽视的。

1. 土壤污染

土壤污染是指人类活动产生的污染物质,通过各种途径进入土壤,其数量和速度,超出了土壤的自净作用,破坏了自然动态平衡,使污染物质的积累过程逐渐占据优势,从而导致土壤调节功能失衡,土壤质量下降,并影响到农作物的生长发育,造成产量和质量的下降。也包括由于土壤污染物质的迁移转化,引起水体和大气污染,并通过食物链,最终影响到人类自身的健康。这些污染物质一部分来源于生产磷肥、硼肥、锌肥和硫酸的矿石原料即磷矿、硼矿、铅锌矿和硫铁矿等。如磷矿粉的含氟量在 3.8% 左右,虽然在磷肥制造过程中,会逸出一部分氟,但仍有相当多的氟残留在磷肥中。

据分析,农业生产常用的过磷酸钙含氟 1%~1.6%,含铅 7~92 毫克/千克,含砷 104 毫克/千克。重过磷酸钙含铅 1~65 毫克/千克,含砷 273 毫克/千克。镉在磷肥中含量为 10~20 毫克/千克,汞在肥料中含量为 0.5 毫克/千克。硫化铁制造的硫酸含砷 930 毫克/千克,单质硫制造的硫酸含砷 12.5 毫克/千克。以硫酸为原料制造的硫酸铵、硫酸钾时会向产品中引入砷。

2. 水体污染

第一章 农村的环境污染

农业施肥对水体的污染包括地表水污染和地下水污染两种。

(1) 地表水污染

地表水污染主要是指污染物引起的水体富营养化。导致水体富营养化的主要元凶是氮和磷，一般认为水中总磷和无机氮分别超过20毫克/立方米和330毫克/立方米时，就可以确定水体处于富营养状态。虽然氮、磷等营养物质的来源除了不合理施肥以外，还有城乡生活污水等，但过量施肥是加速富营养化的重要原因。

据浙江省农业厅测算，浙江省境内太湖流域的化学氮肥施用量较高，每年达12.03万吨，直接或间接进入河流的29.1%～67.5%的氮和25.0%～45.9%的磷来自农田径流。

(2) 地下水污染

肥料中的营养物质会随水淋溶入地下水，造成地下水污染。在植物所需的营养元素中，钾进入地下水对人畜无害。磷在淋溶过程中大部分与土壤中的钙、铁和铝离子等发生作用而沉积于土层中。据测定，农田耕地的磷的淋溶量为每年0～2千克/公顷，因此较少进入地下水。各种形态的氮在土壤中由于微生物等作用而形成硝态氮，随水进入地下，是引起地下水污染的主要原因。氮素在土壤中的淋失相当快。据有关部门研究表明，尿素在土壤中的淋失率第1天为25.86%，第5天为36.82%，第10天达41.29%。因此，化学肥料大部分渗透到地下，污染地下水，或者随地表径流进入稻田、河流、池塘。

地下水是人们生活饮用水的重要来源，农业大量使用化学肥料将导致地下水中的硝酸盐、亚硝酸盐等含氮化合物含量增加。硝酸盐可直接引起婴儿缺氧甚至死亡；硝酸盐进入人体后，还会在口腔及肠道中迅速转化成亚硝酸盐，并形成亚硝酸基化合物，引起食道癌、胃癌等消化系统的癌症。人们喝了这样的水，是非常不安全的。

据某省环保局报道，环境人员在监测境内淮河水质时发现一个奇怪的现象：在汛期强降雨过程中，河水水质受到的污染反而骤然增大，氨氮指标是平时的十几倍甚至几十倍。雨季污染源从何而来？据环保人员检测，发现沿河农田土壤中的氨氮含量非常高。原来，氨氮含量高正是由于沿河农民长期过量施用化肥造成的。

3. 大气污染

化学肥料中与大气污染相关的主要元素是氮。施用氮肥对大气的污染主要是氨的挥发、反硝化过程中产生的氮氧化物。据统计，每年全球由于反硝化作用损失的氮素为 14×10^6 吨。一氧化二氮可以与臭氧作用生成一氧化氮，使臭氧层遭到破坏。由于臭氧层遭受破坏而不能阻挡紫外线，强烈的紫外线照射会对生物有极大的危害，使人类患皮肤癌的几率升高。

此外，二氧化氮可以生成游离氧，与分子氧作用生成臭氧，再经过一系列作用，形成光化学烟雾，随着氮肥的大量施用会增加一氧化二氮在大气中的排放。通过田间埋管取样测定表明，碳铵的一氧化二氮形成量为 4.81~432.76 微克/天。

三、农膜污染

我国是一个农业大国，在农业生产中，薄膜产业的地位和作用十分显著。农膜在为农民创收的同时，也不可避免地制造了"白色污染"。

由于农业大棚的普及，农膜污染也随之加剧。近年来，我国的农膜用量和覆盖面积已位居世界首位。2003年，我国的农膜用量已超过了60万吨。

农膜技术的推广使用，农业生产在实现了农作物大幅度高产稳产的同时，也产生了大量不易分解、不腐烂的废旧、残留农膜。由于农膜老化破碎和回收不够，每年每公顷耕作层中农膜残留量高达45千克以上。农膜在土壤中的含量过多时，就会破坏耕作层土壤结构，使土壤孔隙减少，降低土壤通气性和透水性，影响水分和营养物质在土壤中的传输，

第一章 农村的环境污染

使微生物和土壤动物的活力受到抑制。同时，也阻碍了农作物种子发芽、出苗和根系生长，致使作物减产。与此同时，塑料农膜生产过程中添加的增塑剂能在土壤中挥发，对农作物特别是蔬菜作物产生毒性，破坏叶绿素及其合成，致使农作物生长缓慢、叶子变黄甚至死亡。

据中国农业科学院土肥所的试验表明，残膜只有在4平方厘米以下时才不会对农作物的生长形成威胁，而一般情况下普通农膜在田里中根本无法降解成如此小的碎片。

试验统计结果表明：连续使用农膜两年以上的麦田，每亩残留农膜可达6.9千克，小麦减产9%；连续使用5年的麦田，每亩残留农膜可达25千克，

小麦减产26%。连续覆膜的时间越长，残留量越大，对农作物的产量影响越大，连续使用15年以上，耕地将颗粒无收。据估计，仅湖南省每年因残留农膜污染耕地而造成的经济损失就达8600万元。

此外，残膜被风刮到树上、电线杆上和河水里，产生视觉污染；夹杂在牧草或水体中，若被牲畜或其他生物食入，则会因为难以消化而贮存于胃中，轻者会使牲畜患消化系统疾病，重者会发生死亡。残留在地里的农膜对田间耕作也带来了麻烦，残膜缠绕犁头，妨碍耕作。

四、农作物秸秆污染

我国是粮食生产大国，也是秸秆生产大国。农作物秸秆是粮食作物和经济作物生产中的副产物，它含有丰富的氮、磷、钾、微量元素等成分，是一种可供开发和综合利用的资源。

长期以来，我国农民一直把秸秆看作是农业的副产品，存在"重粮

食利用、轻秸秆利用"的传统观念。传统农业和对秸秆的简单再利用，仅仅局限于把秸秆作燃料直接燃烧来肥田。秸秆焚烧后对环境的污染有以下几点：

第一，秸秆焚烧属于生物物质燃烧，它能产生大量的二氧化碳，是导致温室效应的温室气体。

第二，秸秆焚烧时，烟尘弥漫，浓烟滚滚，使得空气污染加重，能见度下降，直接影响交通、航空安全和空气质量。

第三，秸秆在焚烧过程中，会烧死田间地头的树木和农作物，甚至可能酿成火灾。

第四，秸秆焚烧后破坏了土壤有机质，火烧过后的土地发硬、发干或形成块状土壤板结，秸秆焚烧后对农业种植有害而无利。

第一章　农村的环境污染

第四节　养殖业的污染

一、畜禽养殖业污染

1. 畜禽养殖业废弃物的排放

（1）污水污染

近几年，由于畜禽养殖业从分散的农户养殖转向集中化、工厂化养殖，畜禽粪便污染大幅度增加，成为一个重要的污染源。据调查，养殖一头猪产生的污水相当于7个人生活产生的污水，而养殖一头牛产生的废水更是超过22个人生活产生的污水。北京近郊畜禽养殖场排放的有机物污染，相当于全北京市工农业生产污水和生活废水中所含的有机污染物的2~3倍。在黄浦江流域，畜禽粪便中总磷、总氮等占了全流域

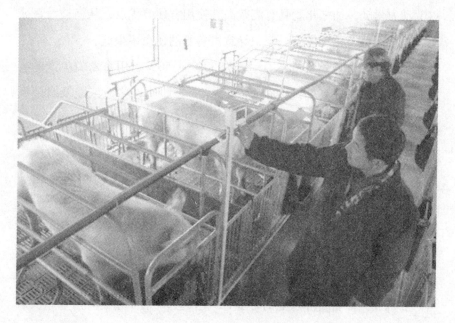

污染物总量的36%以上。

(2) 畜禽粪便污染

过去，我国畜禽养殖业主要集中在农区、牧区，大多远离城市，并由于畜牧业是以农村副业的形式出现，种植、养殖一条龙，畜禽粪便也可作为农家肥料，直接施入农田，对环境污染较轻。

近年来，在各级政府的大力扶植下，畜禽养殖业迅速发展，已成为独立的行业，并以成千上万头的规模急速扩大。

大中城市周边地区集约化畜禽养殖业成为保证城市居民生活必不可少的产业。然而从事养殖业的不种地，粪便没有被充分利用于制作肥料，种地的农民并不从事养殖，农田仍靠大量施用化肥。这样，最终导致了养殖业与种植业的日益分离，畜禽粪便乱排放的现象越来越普遍，严重地污染了环境。

2. 造成畜禽养殖业废弃物严重污染的原因

(1) 畜禽粪便的还田率低

由于当前农村劳动力结构发生了重大变化，很多农民进城打工，农村劳动力紧缺，加之化肥具有肥效高、使用方便等优点，从而被大量使用，化肥代替了传统的有机肥，导致畜禽肥的还田率很低。

据调查，畜禽粪便的还田率仅为30%～50%，用畜禽粪生产的有机肥在商品化率最高的地区仅为2%～3%。即使一些地区能及时地利用畜禽粪，但由于农业耕作存在季节周期，使得农闲时的畜禽粪不能得到及时消纳，从而导致了畜禽粪便的污染。

(2) 畜禽的集中养殖加剧了与种植业的脱节

随着国家"菜篮子工程"的大力实施，畜禽养殖业集中化水平迅速提高，伴随养殖区的城市化趋势，导致农牧严重脱节，畜禽粪不能即时利用。

(3) 畜禽养殖业的管理体制不健全

目前我国对畜禽养殖业的环境管理已远远滞后于畜禽养殖业本身对

第一章 农村的环境污染

整个生态环境的污染和影响,缺乏相应的管理标准和有效的管理办法。畜禽养殖的环境污染已是21世纪我国经济发展过程中的重大环境问题,必须引起高度关注。

3. 畜禽养殖业污染物的危害

畜禽养殖业排放的污染物主要包括废水、粪渣及恶臭气体等。其主要的环境危害表现为以下四个方面:

(1) 污染水质

畜禽养殖场的废水中含有大量的污染物质,其生化指标极高,如猪粪尿混合排出物的化学需氧量值达81000毫克/升,牛粪尿混合排出物的化学需氧量值达36000毫克/升,笼养蛋鸡场冲洗废水的化学需氧量为43000~77000毫克/升,氨态氮浓度为2500~4000毫克/升。高浓度的畜禽有机废水排入江河中,将会造成水体严重富营养化,严重威胁水产和渔业的发展。

(2) 污染空气

日本确定的8种恶臭物质,其中有6种与畜牧业密切相关,分别为氨、硫化氢、二甲硫、甲基硫醇、二硫化甲基、三甲胺等,后来又追加了丙酸、正丁酸等四种低级脂肪酸,这些物质在畜禽粪便中,特别是猪的粪便中含量极高。如果畜禽粪便得不到有效处理,将严重影响饲养人员及周围居民的身体健康,并且影响畜禽自身的生长。

(3) 环境致病因素加重

畜禽粪便的污染物中含有大量的病原微生物,寄生虫以及滋生的蚊子、苍蝇,使环境中病原体种类增多、菌量增大,促进病原菌和寄生虫的大量繁殖,造成人畜传染病的蔓延,尤其是人畜共患病时,会给人畜带来灾难性的危害。

(4) 危害农作物

高浓度的污水灌溉,致使作物疯长、倒伏、晚熟或不熟,造成减产,甚至受毒害作物大面积腐烂死亡。

二、水产养殖业污染

1. 水产养殖的主要污染

近年来，水产养殖业发展迅猛，成为我国农村的支柱产业之一，为农民带来了可观的经济效益。然而，在片面追求养殖产量、经济效益的同时，人们往往忽视了水产养殖所产生的污染。水产养殖产生的污染主要是水环境污染，其主要原因是：

（1）由于使用氰化钠、三唑磷对养殖塘进行消毒、杀菌，严重污染近岸海水，破坏近岸滩涂的生态平衡，反过来又影响水产养殖的自身质量。

（2）高密度养殖投入的多余饵料和养殖排泄物进入天然水体，造成氮、磷、腈化物污染。

2. 水产养殖污染的危害

（1）药物及其危害

目前，市场上常见的鱼药品种大致可分为消毒杀菌类、抗微生物类、驱虫剂类、代谢改善和强壮剂类（激素）以及中草药类等五大类，其毒、副作用主要表现为如下方面：

第一章 农村的环境污染

第一，消毒杀菌类。主要用于防治水生动物细菌性疾病。常见的有漂白粉、二氯异氰尿酸钠、福尔马林等。它们的大量使用会对水质影响较大，含氯剂与水中有机物反应可生成致癌物质。

第二，抗微生物类。鱼用抗生素常用于治疗鱼病，这类药品的毒、副作用主要是：通过食物链传给人体，增强人体的耐药性；损害人体肝脏；在人体骨骼中沉积抑制骨骼生长，破坏人体骨髓造血机能，引起再生障碍性贫血；破坏人体造血系统，可引发人的过敏反应，甚至诱发癌症。

第三，驱虫剂类。常见的驱虫剂类有孔雀石绿、硫酸铜、亚甲基蓝等。其中孔雀石绿具有很强的致癌和胚胎致畸作用。

第四，代谢改善和强壮剂类（激素）。用于加快部分鱼类的生长速度。药物残留会使人的正常生理功能发生紊乱，更严重的还会影响儿童的正常生长发育等。

（2）水体富营养化

高密度养殖投入的多余饵料及养殖排泄物进入天然水体，造成氮、磷、腈化物污染，导致湖泊和近海的富营养化，水中溶氧量下降，水产品产量缩减；富营养化又会破坏水的生态系统，引发鱼病爆发、食品安全等一系列问题，给水产养殖带来毁灭性的灾害，同时还会引起流域水体污染。

附：《畜禽养殖污染防治管理办法》

《畜禽养殖污染防治管理办法》，已于2001年3月20日经国家环境保护总局局务会议通过，现予公布施行。

国家环境保护总局局长　解振华
2001年5月8日

第一条 为防治畜禽养殖污染，保护环境，保障人体健康，根据环境保护法律、法规的有关规定，制定本办法。

第二条 本办法所称畜禽养殖污染，是指在畜禽养殖过程中，畜禽养殖场排放的废渣，清洗畜禽体和饲养场地、器具产生的污水及恶臭等对环境造成的危害和破坏。

第三条 本办法适用于中华人民共和国境内畜禽养殖场的污染防治。

畜禽放养不适用本办法。

第四条 畜禽养殖污染防治实行综合利用优先，资源化、无害化和减量化的原则。

第五条 县级以上人民政府环境保护行政主管部门在拟定本辖区的环境保护规划时，应根据本地实际，对畜禽养殖污染防治状况进行调查和评价，并将其污染防治纳入环境保护规划中。

第六条 新建、改建和扩建畜禽养殖场，必须按建设项目环境保护法律、法规的规定，进行环境影响评价，办理有关审批手续。

畜禽养殖场的环境影响评价报告书（表）中，应规定畜禽废渣综合利用方案和措施。

第七条 禁止在下列区域内建设畜禽养殖场：

（一）生活饮用水水源保护区、风景名胜区、自然保护区的核心区及缓冲区；

（二）城市和城镇中居民区、文教科研区、医疗区等人口集中地区；

（三）县级人民政府依法划定的禁养区域；

（四）国家或地方法律、法规规定需特殊保护的其他区域。

本办法颁布前已建成的、地处上述区域内的畜禽养殖场应限期搬迁或关闭。

第八条 畜禽养殖场污染防治设施必须与主体工程同时设计、同时施工、同时使用；畜禽废渣综合利用措施必须在畜禽养殖场投入运营的同时予以落实。

第一章 农村的环境污染

环境保护行政主管部门在对畜禽养殖场污染防治设施进行竣工验收时，其验收内容中应包括畜禽废渣综合利用措施的落实情况。

第九条 畜禽养殖场必须按有关规定向所在地的环境保护行政主管部门进行排污申报登记。

第十条 畜禽养殖场排放污染物，不得超过家或地方规定的排放标准。

在依法实施污染物排放总量控制的区域内，畜禽养殖场必须按规定取得《排污许可证》，并按照《排污许可证》的规定排放污染物。

第十一条 畜禽养殖场排放污染物，应按照国家规定缴纳排污费；向水体排放污染物，超过国家或地方规定排放标准的，应按规定缴纳超标准排污费。

第十二条 县级以上人民政府环境保护行政主管部门有权对本辖区范围内的畜禽养殖场的环境保护工作进行现场检查，索取资料，采集样品、监测分析。被检查单位和个人必须如实反映情况，提供必要资料。

检查机关和人员应当为被检查的单位和个人保守技术秘密和业务秘密。

第十三条 畜禽养殖场必须设置畜禽废渣的储存设施和场所，采取对储存场所地面进行水泥硬化等措施，防止畜禽废渣渗漏、散落、溢流、雨水淋失、恶臭气味等对周围环境造成污染和危害。

畜禽养殖场应当保持环境整洁，采取清污分流和粪尿的干湿分离等措施，实现清洁养殖。

第十四条 畜禽养殖场应采取将畜禽废渣还田、生产沼气、制造有机肥料、制造再生饲料等方法进行综合利用。

用于直接还田利用的畜禽粪便，应当经处理达到规定的无害化标准，防止病菌传播。

第十五条 禁止向水体倒畜禽废渣。

第十六条 运输畜禽废渣，必须采取防渗漏、防流失、防遗撒及其他防止污染环境的措施，妥善处置贮运工具清洗废水。

第十七条　对超过规定排放标准或排放总量指标，排放污染物或造成周围环境严重污染的畜禽养殖场，县级以上人民政府环境保护行政主管部门可提出限期治理建议，报同级人民政府批准实施。

被责令限期治理的畜禽养殖场应向做出限期治理决定的人民政府的环境保护行政主管部门提交限期治理计划，并定期报告实施情况。提交的限期治理计划中，应规定畜禽废渣综合利用方案。环境保护行政主管部门在对畜禽养殖场限期治理项目进行验收时，其验收内容中应包括上述综合利用方案的落实情况。

第十八条　违反本办法规定，有下列行为之一的，由县级以上人民政府环境保护行政主管部门责令停止违法行为，限期改正，并处以1000元以上3万元以下罚款：

（一）未采取有效措施，致使储存的畜禽废渣渗漏、散落、溢流、雨水淋失、散发恶臭气味等对周围环境造成污染和危害的；

（二）向水体或其他环境倾倒、排放畜禽废渣和污水的。

违反本办法其他有关规定，由环境保护行政主管部门依据有关环境保护法律、法规的规定给予处罚。

第十九条　本办法中的畜禽养殖场，是指常年存栏量为500头以上的猪、3万羽以上的鸡和100头以上的牛的畜禽养殖场，以及达到规定规模标准的其他类型的畜禽养殖场。其他类型的畜禽养殖场的规模标准，由省级环境保护行政主管部门根据本地区实际，参照上述标准作出规定。

地方法规或规章对畜禽养殖场的规模标准规定严于第一款确定的规模标准的，从其规定。

第二十条　本办法中的畜禽废渣，是指畜禽养殖场的畜禽粪便、畜禽舍垫料、废饲料及散落的毛羽等固体废物。

第二十一条　本办法自公布之日起实施。

第二章 为什么要建设低碳环保的新农村

第一节　建设社会主义新农村

一、社会主义新农村建设的新背景

建设社会主义新农村并不是一个新概念。20世纪50年代以来我国曾多次使用过类似提法，但在新的历史背景下，党的十六届五中全会提出的建设社会主义新农村具有更为深远的意义和更加全面的要求。新农村建设是在我国总体上进入以工促农、以城带乡的发展新阶段后面临的崭新课题，是时代发展与构建和谐社会的必然要求。当前我国全面建设小康社会的重点和难点在农村，农业丰则基础稳，农民富则国家强，农村稳则社会安；没有农民的小康，就没有全社会的小康；没有农业的现代化，就没有国家的现代化。世界上许多国家在工业化有了一定发展基础之后都采取了"工业支持农业、城市支持农村"的发展战略。目前，我国国民经济的主导产业已由农业转变为非农产业，经济增长的动力主要来自非农产业。根据国际经验，我国现在已经跨入工业反哺农业的新阶段。因此，实施我国新农村建设重大战略性举措正当时。

二、社会主义新农村建设的新内涵

社会主义新农村到底什么样？十六届五中全会对新农村建设提出了"生产发展、生活宽裕、乡风文明、村容整洁、管理民主"的20字方针，为新农村描绘出一幅美好的蓝图。这20字方针，既是我国新农村建设长期的奋斗目标，也是新农村建设的必由之路，各个方面互相联系、互为因果。主要包括发展新产业、建设新村镇、构筑新设施、培育

第二章 为什么要建设低碳环保的新农村
DI ER ZHANG WEI SHEN ME YAO JIAN SHE DI TAN HUAN BAO DE XIN NONG CUN

新农民、树立新风尚等方面的丰富内涵。发展新产业，就是要打牢物质基础，千方百计地增加农民收入，促进农民持续增收，这是全面建设农村小康社会的着力点。建设新村镇，就是要改善农村的人居环境，合理规划农村的发展。构筑新设施，就是要改善农村的生产、生活的基础设施，包括清洁安全饮水、道路交通、电力、信息网络以及农业基础设施建设等。培育新农民，就是要加强农民的基础教育和职业培训，推进农村科技推广和医疗卫生体系健全等，造就"有文化、懂技术、会经营、守法纪、讲文明"的新型农民。树立新风尚，就是要加强和完善农村民主法制建设，创造和谐的发展环境，倡导新风尚。我们必须正确理解和把握社会主义新农村建设之"新"的内涵，切实做好"新"的文章。

三、社会主义新农村建设的新特征

建设社会主义新农村在新的历史发展阶段具有五个鲜明的特征。

1. 时代特征

建设社会主义新农村，是在科学发展观、以人为本、构建和谐社会三大理念引领下的创新，是新农村最富时代特色的标志。

2. 综合特征

新农村不仅仅局限于某个生产领域或者某个环节，而是物质文明、精神文明、政治文明这三个文明建设有机结合、综合协调的发展。

3. 联动特征

新农村建设的含义和工作部署，是把城乡融为一体并作为一个系统工程来考虑的，而不是就农村论农村、就农业抓农业。

4. 渐进特征

新农村的建设决不可能一蹴而就，各地的情况和状况都不一样，新农村建设必须通过科学的方法制定规划来推进永续实施，确保社会主义新农村建设的连续性和持续性。

5. 动态特征

我国的新农村建设立意高远、内容丰富，随着时代的发展，还将不断赋予新的内涵和新的内容，所以必须在实践中不断拓宽新的思路和新的眼界。

四、社会主义新农村建设总体要求

"生产发展、生活宽裕、乡风文明、村容整洁、管理民主"，这既是国家对新农村建设的要求，也是其总体目标。这20个字包含的内容极为丰富，涉及了农村政治、经济、文化、社会管理等各个方面。

1. 生产发展

这是新农村建设的物质基础。新农村建设的首要任务就是生产发展。"十一五"期间，农业要加大科学技术的推广应用，实现增长方式的转型。在调整农村经济结构的过程中，一方面要协调粮食和其他农作物的比例，确保我国的粮食安全；另一方面要协调农业与非农产业的关系。

在市场经济条件下，如果一家一户的农民仍然分散生产和生活，就会造成信息不灵，在市场竞争中处于弱势地位。专业合作经济组织在带领农民致富过程中有很大优势，要鼓励发展各种类型的新型经济组织，提升农民的组织化程度。

要达到生产发展的目的，必须激活生产力中最活跃的因素——劳动力。在新农村建设过程中，要把培育新农民作为一项根本措施来抓，通过提高农民的科技文化素质和致富能力，为增产增收和改变乡容村貌提供重要的人才保障。一方面要加快推行免费义务教育；一方面要大量培养新型产业农民和务工农民，大力实施以农村实用技术、务工人员职业技能培训为主要内容的"阳光工程"，有针对性地举办相关技术培训。

非农产业为农村经济的发展提供了更大的空间，也包含在"生产发

第二章 为什么要建设低碳环保的新农村

展"的要求之中。发展农产品加工业,拉长产业链,可以使农民在加工增值的同时增加收入。在非农产业不发达的地区,要进一步加快农村工业化的进程。

城市的快速发展可以吸纳更多的农村剩余劳动力,也是"生产发展"的渠道之一。要促进农村富余劳动力的有序转移,就要对现行的一些政策和措施进行整理,疏通农民进城务工的渠道。

2. 生活宽裕

这是新农村建设的核心目标。要达到生活宽裕的目标,首先要通过开辟各种增收渠道,增加农民收入。从宏观层面来讲,农民增收可以激发广大农民的巨大消费潜力,使农民的需求成为一种有效需求,对国民经济的拉动都能起到很大作用。

建设和改善与农民生活直接相关的基础设施,是农民生活宽裕的重要保证。据统计数据显示,目前我国的行政村有一半还没有自来水设施,60%以上的农户没有用上卫生厕所。水、电、道路、信息通讯等基础设施条件的改善，需要发挥各方面的积极性，引导社会力量共同参与。

我国城乡社会保障覆盖率还很低，占全国总人口近60%的农村居民仅享用了20%左右的医疗卫生资源，九成左右农民是无保障的自费医疗群体。此现状反映出我国农村公共服务事业的滞后。在新农村建设过程中，政府要通过经济手段包括公共财政补贴，帮助农民建立健全农村合作医疗、养老保障等农村社会保障体系。

另外，农村商品市场总量不足，分布不尽合理，假冒伪劣产品较多，给农民的生产生活带来许多不便。建立健全农村市场体系，形成现代流通方式下的农村消费经营网络，是新农村建设中的重要环节。

3. 乡风文明

农村的进步，取决于农民整体素质的提高。乡风文明本质上是农村精神文明建设问题，内容包括文化、风俗、法制、社会治安等各方面。

近年来，虽然一些地区的农村经济发展较快，但文化生活始终单调

第二章　为什么要建设低碳环保的新农村

乏味，同时一些不良文化有所抬头。农村文化建设与经济社会的协调发展还不适应，与广大农民群众的精神文化需求还不协调，主要原因是文化基础设施的落后，现有资源尚未得到有效利用，文化体制不健全，机制不灵活。因此，如何使广大农民过上丰富多彩的精神文化生活，是新农村建设的当务之急。

移风易俗是乡风文明的表现之一。一方面，随着经济的发展，在城市中出现的人情淡漠等现象，在有些农村地区已经有出现的苗头；另一方面，传统的陋习在一些农村地区还广泛存在，甚至有愈演愈烈的势头。一些地方攀比修造坟墓，甚至出现豪华的活人墓。这些都与新农村"乡风文明"的要求背道而驰，亟待解决。

4. 村容整洁

就是要改善农民的生存状态。新农村建设中"村容整洁"的要求，最主要的是为农村地区提供更好的生产、生活环境。

长期以来，大部分农村地区的人居环境不尽人意。"露天厕、泥水街、压水井、鸡鸭院"，是对农民生活居住环境的写照。农村的房舍、街道建设缺乏规划，浪费大量土地；交通条件差，给农民的生产生活带来诸多不便；由于缺少硬件设施，加上农民的不良生活习惯，垃圾污染严重。另外，随着一些农村地区非农产业的发展，工业污染问题严重，急需解决。因此，在新村镇建设过程中，要特别注意两点：一是要尊重农民意愿，在国家、社会力量的支持下，根据当地经济发展水平量力而行，千万不要搞什么"形象工程""政绩工程"；二是要根据当地的传统特色，做一个长期规划，不能搞"一刀切"。

5. 管理民主

这是健全村民自治制度的重要手段。虽然，我国农村地区实行村民自治制度已经确立起来，但从全国来看，各地具体情况差别比较大。完善农村基层民主自治制度是实现乡村管理民主的关键所在。

2006年我国已全面取消农业税，在"后农业税"时代，转变乡镇

政府职能是"管理民主"的要求之一。乡镇政府要为本地区的经济发展创造有利条件,切实担负起社会管理的职责,为乡村建设提供公共服务和有效保障。同时,乡镇政府要对村民自治进行正确的引导和监督。另外,农村基层党组织要紧紧围绕"服务群众"这个中心,充分发挥服务群众、凝聚人心的作用。

在市场经济条件下,干部工资待遇得不到很好的体现,这严重影响了基层干部带动农民群众发家致富的积极性。因此,如何调动基层干部的工作积极性,使基层民主建设与市场经济有机结合起来是新农村建设中一个很大的课题。

五、走出四个误区

要按照"生产发展、生活宽裕、乡风文明、村容整洁、管理民主"这20个字的总体要求建设新农村,必须走出四个误区。

1. 拆旧建新

第二章　为什么要建设低碳环保的新农村

不能简单地把社会主义新农村建设理解为就是村庄建设，那种认为新农村建设就是造房子建新村，修大路排店面的认识是片面的。建设社会主义新农村是个系统工程，涵盖到农村的各个领域和诸多方面，规划新农村建设必须建立在经济社会发展的基础上。

2. 招商引资急功近利

建设社会主义新农村的主体是农民，而不是外商或企业家。要坚持基层组织民主决策，农民群众自愿的原则，保障农民的民主权利。不能让小团体以盈利为目的拆旧建新，切勿搞"企业发财、干部收益、百姓埋单"的做法。

3. 无资金搞建设慢慢来

财力短缺使新农村建设面临难题，村干部压力加大，存在着"等观望"和"慢慢来"的思想。建设新农村需"破冰"前行，因地制宜，先抓筹划，先易后难，量力而行，稳步推进。目前要着眼于解决好农业和农村经济发展的突出问题，农民群众急需且最盼解决的热点问题。

4. 一哄而上搞运动

建设新农村要顺应经济发展规律，尊重农民意愿，不断满足农民群众对物质文化生活的需求。从这个意义上讲，建设新农村是与时俱进的，没有具体标准。因此，应避免搞不切实际的大拆大建，一哄而上搞运动。各村要在城市总体规划指导下抓好村建规划，适宜旧村改造的就重点抓旧村改造，适宜新村建设的就抓新村建设，需要环境整治的就从"脏、乱、差"入手。因地制宜，量力而行，稳步推进建设新农村。

第二节　建设低碳环保新农村的意义

我国农村人口众多。虽然改革开放以来，发生了很大变化，但是，农村发展的普遍水平与城镇相比仍差距很大。城市在高速发展的同时，也给环境带来了严重的污染。现如今，我国的各个城市在发展的同时，已经开始着手处理污染的问题，而且很多城市都做得非常好，有些做法甚至得到了世界其他国家的认可。

在"建设社会主义新农村"的旗帜下，我国广大的农村是不是也得走"先发展后治理"的道路呢？答案是否定的。因为城市发展的经验、污染带给人类的灾难、资源的短缺等问题告诉我们：在建设新农村的时候，必须考虑到环境保护问题。那么，建设低碳环保的新农村究竟有何重大意义呢？

一、低碳是解决全球气候变暖问题的根本途径

近年来，极端天气越来越多，自然灾害频繁，气候变暖已是不争的事实。科学家对近百年来的地面观察资料分析发现，自1860年有气象观测记录以来，全球平均温度上升了0.6℃；最近100年的温度是过去1000年中最暖的，最暖的年份出现在1983年后；而最近20年又是过去100年中最暖的，20世纪90年代是20世纪最暖的10年。20世纪北半球温度的增幅是过去1000年来最高的。全球气候发生了巨大的变化，其中，气候变暖是根本因素。

导致气候变暖的原因，概括起来可分为自然的气候波动和人类活动的影响两大类。前者包括太阳辐射的变化、火山爆发、地壳运动等。人

第二章 为什么要建设低碳环保的新农村

类活动的影响主要是人类燃烧化石燃料和毁灭森林引起的大气中温室气体的增加、硫化物气溶胶浓度的变化、陆地覆盖和土地利用的变化等。随着人类社会的发展，其影响的广度和深度日益扩大，人类活动给气候变化带来的影响日益严重。

最近50年来气候的变化主要是由于人类的活动造成的，主要包括：燃烧化石燃料（煤、石油、天然气等）及树木产生大量二氧化碳，而二氧化碳是造成温室效应的重要气体；世界范围内森林的大面积消失是导致大气中二氧化碳浓度上升的主要原因之一；农业活动会产生大量甲烷、一氧化二氮等温室气体；畜牧业中牲畜通过反刍呼吸增加了大气中甲烷、二氧化碳和水蒸气的含量；工厂、企业尤其是火力发电厂是二氧化碳、一氧化二氮等很多温室气体的制造者；人类生活产生的垃圾和固体废弃物越来越多，利用焚烧法处理垃圾释放出各种气体，加剧了温室效应；运输业越来越发达，各种交通工具尤其是汽车排放的尾气严重污染了大气。

人类活动导致气候变化，气候变化反过来又威胁到人类的发展和生存。就农业来说，如果全球平均气温升高，发展中国家由于人口增长，以及耕地、资金、技术等限制，将导致农牧业的脆弱性增加，粮食安全日趋严重。

为了应对气候变化，为了人类自身的发展和地球的未来，国际社会开始联合起来，制定了共同的目标和公约，减少温室气体排放。低碳发展成为各国的共识，也是解决全球气候问题的根本途径。

二、农村建设是我国发展的重点

1. 社会主义新农村建设的内在要求

我国新农村建设的要求和目标是"生产发展、生活宽裕、乡风文明、村容整洁、管理民主"。其中，"村容整洁"的重点就是在发展农村的同时，做到环境不受污染，提高村民的居住环境，合理利用资源，创建一条可持续发展的道路。

2. 构建和谐社会的重要组成部分

要全面实现小康社会、和谐社会，重点是实现农村、农业的现代化。因此，必须加强农村发展的投入力度，早日达成国家现代化及构建和谐社会的目标。

3. 可持续发展的重要保证

与城市相比，农村拥有更多的自然资源和发展空间。不久的将来，农村必将成为重点的投资发展区域。但是，到那时，是否还有足够的自然资源，是否还有没被污染的净土，很值得我们深思。因此，建设低碳环保的新农村，是实现我国长远发展的重要保证。

第三章 如何建设低碳环保的新农村

第一节 树立正确的发展观

经济发展的经验告诉我们,任何发展都不能以牺牲环境为代价,否则,人类将会受到大自然的严惩。所以,要想建设好新农村,首先必须有正确的发展观做指导,时刻铭记环境的重要性,环境是我们赖以生存的基础。

一、社会主义新农村的评价标准

1. 要有新型的农民

所谓新型的农民,必须具有以下特征:

第一,有知识、懂技术、会经营。

第二,思想观念不断更新。

第三,组织化程度不断提高。要鼓励和引导农民加快发展各类专业合作经济组织,不断提高农民的组织化程度。

第四,生活宽裕。必须千方百计增加农民收入,不断缩小城乡居民收入差距,使农民过上宽裕的生活。

第五,就业充分。在就业问题上,农民应该有与城市居民相同的"国民待遇",逐步建立城乡平等的就业制度,实现城乡劳动力市场的一体化。

2. 要有发达的农业

(1) 建设现代农业

建设现代农业,就是要实现农业生产手段的机械化、农业生产技术的科学化、农业生产分工的专业化与规模化。

第三章　如何建设低碳环保的新农村

(2) 发展持续农业

在统筹、协调人与自然关系的基础上，实现环境的良性循环与生态平衡，并通过技术变革和体制性变革，确保当代人类及其后代对农产品的需求不断得到满足。

(3) 经营产业一体化农业

通过"种养加、产供销、贸工农"一体化经营，将农业再生产过程的产前、产中和产后诸环节联结为一个完整的产业系统，形成高效的农业综合生产经营体系。

3. 要有和谐的农村

(1) 经济上繁荣

农村经济在生产发展的基础上快速、稳定、持续增长，农业和农村经济结构通过战略性调整不断优化和升级。

(2) 政治上管理民主

依法推进村民自治建设，落实和完善民主选举、民主决策、民主管理和民主监督机制，逐步建立健全以财务公开为重点的村务公开制度，民事民议、民财民理，集思广益搞好农村各项建设。

(3) 农村社会和谐稳定

农民安居乐业，健全农村医疗卫生服务体系，建立农村最低生活保障制度，农村社会救助体系进一步完善；继续加强农村文化建设。农民群众的精神文化需求得到多方面、多层次满足。总之，通过农村社会事业的大力发展，使得农民的生活条件和农村的整体面貌明显改善，社会环境安定祥和。

(4) 乡风文明

要形成健康向上的社会新风尚。通过农村精神文明建设，争创"五好家庭"、"文明家庭"；农民普遍崇尚科学，抵制迷信，移风易俗，破除陋习，生活方式健康科学，农村社会风貌文明向上。

(5) 村容整洁

乡村面貌要呈现出新变化，新农村不再是垃圾成堆、苍蝇乱飞、污水横流、村舍乱建、设施简陋的模样，而应该通过搞好乡村建设规划和人居环境治理，加强农村基础设施建设，实现农村道路硬化、卫生洁化、家庭美化、设施完备化，营造出整洁、优美、舒适的生活环境。

第三章 如何建设低碳环保的新农村

DI SAN ZHANG RU HE JIAN SHE DI TAN HUAN BAO DE XIN NONG CUN

二、创建国家级生态村的标准

1. 基本条件

（1）制定了符合区域环境规划总体要求的生态村建设规划，规划科学，布局合理、村容整洁，宅边路旁绿化，水清气洁。

（2）村民能自觉遵守环保法律法规，具有自觉保护环境的意识，近三年内没有发生环境污染事故和生态破坏事件。

（3）经济发展符合国家的产业政策和环保政策。

（4）有村规民约和环保宣传设施，倡导生态文明。

2. 各项指标（见下表）

表 国家级生态村的标准指标

项目	指标名称	东部	中部	西部
经济水平	村民人均年纯收入（元/人/年）	≥8000	≥6000	≥4000
	饮用水卫生合格率（%）	≥95	≥95	≥95
环境卫生	户用卫生厕所普及率（%）	100	≥90	≥80
	生活垃圾定点存放清运率（%）	100	100	100
污染控制	生活污水处理率（%）	≥90	≥80	≥70
	工业污染物排放达标率（%）	100	100	100
	清洁能源普及率（%）	≥90	≥80	≥70
	无害化处理率（%）	100	≥90	≥80
资源保护与利用	农膜回收率（%）	≥90	≥85	≥80
	农作物秸秆综合利用率（%）	≥90	≥80	≥70
	规模化畜禽养殖废弃物综合利用率（%）	100	≥90	≥80
	绿化覆盖率（%）	高于全县平均水平		
	无公害、绿色、有机农产品基地比例（%）	≥50	≥50	≥50
可持续发展	农药化肥平均施用量	低于全县平均水平		
	农田土壤有机质含量	逐年上升		
公众参与	村民对环境状况满意率（%）	≥95	≥95	≥95

3. 指标释义

在这里，创建标准中所指"村"是指依据国家有关规定设立的行政村。

基本条件释义：

（1）制定了符合区域环境规划总体要求的生态村建设规划，规划科学，布局合理、村容整洁，宅边路旁绿化，水清气洁。

其释义有以下几点：

第一，制定了符合区域环境保护总体要求的生态村建设规划，并报省、自治区、直辖市或计划单列市环保部门备案。

第二，村域有合理的功能分区布局，生产区（包括工业和畜禽养殖区）与生活区分离。

第三，村庄建设与当地自然景观、历史文化协调，有古树、古迹的村庄，无破坏林地、古树名木、自然景观和古迹的事件。

第四，村容整洁，村域范围无乱搭乱建及随地乱扔垃圾现象，管理有序。

第五，村域内地表水体满足环境功能要求，无异味、臭味（包括排灌沟、渠、河、湖、水塘等。不含非本村管辖的专门用于排污的过境河道、排污沟等）。

第六，村内宅边、路旁等适宜树木生长的地方应当植树。

第七，空气质量好，无违法焚烧秸秆垃圾等现象。

考核方式：查阅材料，现场察看、测试。

（2）村民能自觉遵守环保法律法规，具有自觉保护环境的意识，近三年内没有发生环境污染事故和生态破坏事件。

其释义有以下几点：

第一，村内企业认真履行国家和地方环保法律法规制度，近三年内没有受到环保部门的行政处罚。

第二，村内没有大于 25 度坡地开垦，任意砍伐山林、破坏草原、

第三章　如何建设低碳环保的新农村

开山采矿、乱挖中草药及捕杀、贩卖、食用受国家保护的野生动植物现象。

第三，近三年没有发生环境污染事故。

考核方式：现场走访、察看；查阅有关证明材料；问卷调查。

（3）经济发展符合国家的产业政策和环保政策。

其释义有以下几点：

第一，无不符合国家环保产业政策的企业。

第二，布局合理，工业企业群相对集中，实现园区管理。

第三，主要企业实行了清洁生产。

考核方式：查阅材料，现场察看、走访。

（4）有村规民约和环保宣传设施，倡导生态文明。

其释义有以下几点：

第一，制定了包括保护环境在内的村规民约，家喻户晓。

第二，有固定的环保宣传设施，内容经常更新。

第三，群众有良好的卫生习惯与环境意识，有正常的反映保护环境的意见和建议的渠道。

考核方式：问卷调查，查阅资料，现场走访、察看。

考核指标释义：

（1）村民人均年纯收入。

考核方式：查阅统计部门的统计资料。

（2）饮用水卫生合格率。

释义：生活饮用水质符合国家《农村实施〈生活饮用水卫生标准〉准则》。

计算公式：饮用水卫生合格率＝村域内符合国家《农村实施〈生活饮用水卫生标准〉准则》的户数/全村总户数×100%；全村总户数包括外来居住或临时居住的户数（下同）。

考核方式：查阅全村总户数名册和饮用水达标户名册，验收时现场抽查。

（3）户用卫生厕所普及率。

卫生厕所普及率指使用卫生厕所的农户数占农户总户数的比例。

计算公式：户用卫生厕所普及率＝使用卫生厕所的农户数/全村总户数×100%。

释义有以下几点：

第一，建有卫生公共厕所且卫生公厕拥有率高于1座/600户，公共厕所落实保洁措施。

第二，卫生厕所应保证通风、清洁、无污染，包括粪尿分集式生态卫生厕所、栅格化粪池厕所、沼气厕所等多种类型。各地可根据改水改厕要求，选择适宜类型。

第三，草原牧区经其省级卫生部门或环保部门认可的其他不污染环境的各种方式也可算作卫生厕所。

考核方式：查阅卫生厕所使用户名册，验收时现场抽查。

（4）生活垃圾定点存放清运率及无害化处理率。

其释义有以下几点：

第一，有固定的收集生活垃圾的垃圾桶（箱、池）。

第二，定期清运并送乡镇或区县垃圾处理厂，进行了无害化处理。

第三，有卫生责任制度，有专人负责全村垃圾收集与清运、道路清扫、河道清理等日常保洁工作。

计算公式：

生活垃圾定点存放清运率＝生活垃圾定点存放并得到及时清运的户数/全村总户数×100%；

第三章 如何建设低碳环保的新农村

生活垃圾无害化处理率＝全村生活垃圾无害化处理量/全村生活垃圾产生总量×100%。

考核方式：查阅垃圾处理厂的证明材料、垃圾管理的规章制度与日常保洁人员的工资发放证明材料。

（5）生活污水处理率。

计算公式：生活污水处理率＝（一、二级污水处理厂处理量＋氧化塘、氧化沟、净化沼气池及土（湿）地处理系统处理量）/村内生活污水排放总量×100%。

考核方式：查阅资料，现场察看。

（6）工业污染物排放达标率。

释义：工业企业废水、废气及固体废弃物排放达到国家和地方规定的排放标准。

计算公式：工业企业污染物排放达标率＝村域内工业企业废水（废气、固体废弃物）达标排放量/村域内废水（废气、固体废物）排放总量×100%，取废水、废气、固体废弃物排放达标率的平均数；有关解释参照国家环保总局的统计。

考核方式：查阅县级环保部门的证明材料；现场察看。

（7）清洁能源普及率。

释义：指使用清洁能源的户数占总户数的比例。

计算公式：清洁能源普及率＝村域内使用清洁能源的户数/全村总户数×100%。

清洁能源指消耗后不产生或污染物产生量很少的能源，包括电能、沼气、秸秆燃气、太阳能、水能、风能、地热能、海洋能等可再生能源，以及天然气、清洁油等化石能源。

考核方式：提供清洁能源使用户名册，验收时现场抽查。

（8）农膜回收率。

释义：指回收薄膜量占使用薄膜量的百分比。

计算公式：农膜回收率＝回收薄膜量/使用薄膜量×100%。

考核方式：查阅农资使用的证明材料；现场察看农膜回收系统及其回收利用证明原件和原始记录单；抽样调查。

（9）农作物秸秆综合利用率。

释义：农作物秸秆综合利用包括合理还田、作为生物质能源、其他方式的综合利用，但不包括野外（田间）焚烧、废弃等。

计算公式：农作物秸秆综合利用率＝农作物秸秆综合利用量/秸秆产生总量×100%。

考核方式：查阅农业部门或环保部门的证明材料；现场察看综合利用设施并走访群众。

（10）规模化畜禽养殖废弃物综合利用率。

释义：指通过沼气、堆肥等方式利用的畜禽粪便的量占畜禽粪便产生量的百分比。草原牧区等非集中养殖区土地系统承载力如果适应，还田方式亦算综合利用，但污染物影响他人生产生活的则不算。

计算公式：畜禽养殖废弃物综合利用率＝综合利用量/产生总量×100%。

考核方式：查阅材料，现场察看。

第三章 如何建设低碳环保的新农村

（11）绿化覆盖率。

释义：以林业主管部门的统计数据为准，但水面面积较大的地区在计算绿地覆盖率时水面面积可不统计在总面积之内。

考核方式：查阅县级林业行政主管部门的证明材料。

（12）无公害、绿色、有机农产品基地比例。

指按照国家相关标准，经有关部门或认证机构认证的无公害、绿色、有机农产品基地面积之和占行政村农业总面积的百分比。

释义有以下几点：

第一，有生物、物理防治农业病虫害的措施。

第二，主要农产品农药检出率符合国家规定的要求。

第三，有经有关部门或认证机构认证的绿色、有机农产品基地，或有经有关部门或认证机构认证的绿色或有机农产品。单纯的工业村、林业村、旅游村和其他没有无公害、绿色、有机农产品生产基地的村不考核此部分。

考核方式：查阅有关材料、有关证书，现场走访、察看。

（13）农药化肥平均施用量。

释义：考核近三年农田农药化肥施用情况。

考核方式：查阅有关证明材料和现场查看有关措施。

（14）农田土壤有机质含量。

释义：考核近三年的情况。

考核方式：查阅有关证明材料和现场查看有关措施。

（15）村民对环境状况满意率。

释义：对村民进行抽样问卷调查。随机抽样户数不低于全村居民户数的五分之一。问卷在"满意"、"不满意"二者之间进行选择。

计算公式：村民环境状况满意率＝问卷结果为"满意"的问卷数/问卷发放总数×100%。

考核方式：现场抽查；在考核期间进行公示，接受群众举报。

第二节　处理好现有污染问题

一、生活垃圾的资源化处理

生活垃圾并非一无是处，其中所蕴藏的资源价值是巨大的。据有关资料推算，每吨垃圾的再生资源约为150元，但是由于未采取有效的资源化利用，被浪费的可再生资源价值达360亿元。这一资源价值，就是应通过发展垃圾资源化产业所实现的经济价值目标。

1. 对垃圾进行分类

通常，我们可以把生活垃圾分为四大类：可回收垃圾、厨余垃圾、有害垃圾和其他垃圾。可回收垃圾包括纸类、塑料、金属、玻璃等；厨余垃圾包括剩菜剩饭、骨头、菜根菜叶等食品类废物；有害垃圾包括废旧电池、废日光灯管、废水银温度计、过期药品等；除上述几类垃圾之外的砖瓦、陶瓷、渣土、卫生间废纸等难以回收的废弃物统称为其他垃圾。

对垃圾分类收集、回收利用。在垃圾前处理过程中实现资源化——前处理资源化过程，必须对垃圾进行严格的科学分类，分类要有利于资源化利用，必须与后续处理相衔接。

2. 按性质不同进行科学化处理

（1）可直接回收利用垃圾

可以把塑料、废纸、金属、玻璃、橡胶等先进行分类回收，再送往专业生产厂或处理厂回收利用。

（2）有机及厨房垃圾

与其他城乡污泥和固体粪便混合或经粉碎后的其他农业废物，进行

第三章　如何建设低碳环保的新农村

堆肥化处理，可以制成有机肥或复合肥，用于农田或园林绿化，改良土壤。还可建成沼气池等。

（3）可燃垃圾

混入焚烧厂焚烧，用于发电或供热。

（4）不可燃无机垃圾

可进行填海造田、堆山造景、筑路填坑或卫生填埋等处理。

二、生活污水的资源化处理

人们日常生活产生的污水包括两大部分，一是重污水，即粪便水，其在生活污水中所占比例为20%~30%；二是轻污水，即日常生活中的洗涤水，占生活污水的70%~80%。

在我国农村生活污水处理的实践中，最具有现实意义的生活污水资源化处理方式是厌氧沼气池处理。其原理是污水中的大部分有机物经厌氧发酵后可以产生可燃性气体沼气，发酵后的污水被去除了大部分有机物，以达到净化目的。产生的沼气可作为浴室和家庭厨房能源。厌氧发酵处理后的污水可用作浇灌用水和观赏用水。需要注意的是，在利用厌氧沼气节进行生活污水资源化

处理过程中，必须保证进入沼气池的污水具有一定的有机物浓度，为此可以向沼气池中加入适量的农作物秸秆和人畜粪便等。该方法能将污水处理与合理利用有机结合，实现农村生活污水的资源化。

三、农药污染控制技术

目前，对农药污染的控制主要是通过提高农作物的抗虫害能力和改进农药施用技术来实现的。

其中,提高农作物的抗虫害能力可以通过以下途径实现:

1. 农业防治

农业防治是病、虫、草害综合防治的基础,包括轮作、选用抗病虫作物品种、合理肥水调控、应用嫁接技术提高农作物的抗病虫害能力。

2. 生物防治

利用天敌防治虫害。利用昆虫、细菌和动、植物等生物防治草害,如在棉田边种苜蓿。利用生物农药防治害虫,如使用生物防治方法消灭棉蚜,减少灭蚜用药量。

3. 化学防治

对病、虫、草害进行预测预报,做到及时防治。严格遵守《农药安全使用标准》和《农药合理使用准则》,做到安全用药。合理混用及交替使用农药,不但可以增强药效,降低病、虫、草的耐药性,而且可以减少农药用量,降低成本。

4. 物理防治

如人工捕杀、糖浆和灯光诱杀、人工除草和机械除草等。

而改进农药施用技术主要是指采用先进的施药装备和技术,在施药机械上配置防滴装置,并在施用农药前根据不同的机型、不同的施药量计算并调整好机具的流量、行进速度。在施用过程中必须严格按照"施药技术规范"选择好施药方法进行喷施,做到顺风隔行喷洒、压顶穿透喷洒等,以提高农药喷施的准确性,减少施药过程中的农药污染。

四、化肥污染防治对策

1. 制定"农田施肥污染防治管理规定"

(1)制定农田施肥限量指标

根据不同气候、作物、土壤、水与农业生产条件等,制定防止对地表水、地下水及农产品造成硝酸盐污染或其他污染的农田施肥限量指标，并制定土壤与农田出水中硝酸盐或其他污染物限量指标。如早稻施氮肥不宜超过150千克/公顷，晚稻施氮肥不宜超过165千克/公顷，甘蔗、棉花等作物每年不宜超过300千克/公顷等，有些作物还必须进一步研究后再确定其施用指标。

（2）建立新的肥料管理与服务体制

以现有土壤肥力信息系统与土壤、植物动态监测管理系统为基础，建立平衡施肥专家咨询系统与植株、配方、生产、供应与技术指导的产业化一条龙服务体制，各地相关部门建立配肥站，将配方施肥技术加载在生产专用复合肥上，以产业化方式推进科学施肥，这样就能有效控制施肥量，以达到防止氮肥对地下水、地表水及农产品硝酸盐污染的目的。

2. 建立健全施肥对环境影响的监督与评价系统

成立以农业环境监测部门为主，土壤肥力研究和管理部门与村民委员会共同参加的农田施肥对环境影响的监督与评价系统，建立开展定期或不定期对本地区施肥环境效应进行监测与评价制度，对广大农民进行宣传、培训，普及施肥对生态环境和人体健康影响方面的知识，提高农民自觉遵守有关农田合理施肥与保护环境的意识。

3. 制定"集约化农业合理施肥技术规范"

遵循农业施肥精确原则，采用国际上先进的土壤、植株快速测定的营养诊断与量化氮肥推荐施用技术，推广施用新型的长效、控释肥料，从生产、环境和食品安全性上考虑，提出不同土壤与作物的肥料适宜品种与用量、施用时期、施用方法，确定施肥总量与追肥的定量、额定灌水量，提高肥料利用率，确保维持土壤的安全生产能力。

4. 大力提倡多施有机肥

长期进行有机肥和化肥配合施用，能有效改善土壤的性能，提高化肥利用率，增强土壤肥力，使土地的活力经久不衰。多施有机肥是发展无公害农产品、绿色食品和有机食品的最主要措施，也是保护生态环境、减少污染的最有效途径，因此必须大力提倡多施有机肥。

五、农膜污染防治措施

据有关研究显示，残留在耕地里的农膜一般都需十年以上才能逐渐被分解，有的农膜，完全分解要长达几十年，而且在分解过程中，还会产生多种有害气体和致癌物质。由此可见，虽然农膜是个宝，在农业生产中必不可少，但是在使用后，应将残膜捡拾干净。有关部门应该引起重视，组织、帮助农民回收，使残旧农膜回收利用，变害为宝。

根据我国农膜污染现状，参考国内外成功经验，防治农膜污染的策略和主要措施有以下几点：

1. 加强环保宣传教育，制定奖惩制度

大力宣传农田残膜危害土壤，污染环境的严重性，深化农民对残膜危害的认识。相应实施奖励政策，把清除农田残膜变成广大农民的自觉行为。

2. 推广残膜回收技术

残膜回收可分为作物收后收膜、作物苗期收膜和耕整地收膜，这样可以减轻对田地的污染危害。对利用残膜为原料进行加工生产的工厂，应按国家有关利用"三废"的政策，给予减免税收。

3. 通过合理的农艺措施，增加农膜的重复使用率

如早揭膜、"一膜两用"、"一膜多用"、旧膜的重复利用、农业生产组合等成熟的技术已经广泛应用到农业生产中得到，并取得了一定的经济效益。这样能相对减少农膜的使用量，减轻农膜污染。

4. 应用合适的替代品

农膜的替代品如纸质地膜在日本研究得较早，如今已经被广泛应用到农业生产中。纸质地膜根据产品性能可以分为五类：经济合理型、纤维网型、有机肥料型、生化型和化学高分子型。纸质地膜具有一定的透气性、耐水性和耐腐蚀性等特点，不但能保持水分、集中水分，而且能预防病虫害，减少对环境的污染。

第三章　如何建设低碳环保的新农村

六、农作物秸秆资源化

加大环保宣传力度，积极引导农民改变"一烧了之"的观念，充分利用各种媒体，宣传焚烧秸秆的危害性，提高农民对秸秆焚烧危害的意识。

大力发展畜牧业，用回收的秸秆做饲料；以秸秆做基料，大力发展食用菌，养殖蘑菇；以秸秆为原料，大力推广气化技术，用秸秆制造燃气；秸秆还可以沤肥和果园深埋，使其成为有机肥；

政府部门应该搭桥引线，为供需双方提供畅通的信息渠道，用优惠的政策鼓励和引导企业和个人进行秸秆回收利用，同时可以用优惠政策鼓励高科技技术的研发，加快作物秸秆变废为宝。

1. 秸秆饲料

做饲料是一种效益很高的秸秆利用方式，是秸秆转化的主要渠道。秸秆经过化学、微生物学原理等技术处理后，可以使富含木质素、纤维素、半纤维素的秸秆降解转化为，其中含有丰富菌体蛋白、维生素等成分。目前，我国已开发出秸秆青贮、微贮、氨化、盐化、碱化等饲料转化技术。

2. 秸秆肥料

秸秆肥料利用除可采用直接还田、堆沤还田和过腹还田三种形式外，还可采用特殊工艺和科学配比，把秸秆制造成优质的有机复合肥。

（1）秸秆堆沤还田

这是一种传统方式，它是在夏秋季高温季节把秸秆堆积厌氧发酵沤制。其特点是时间长、受环境影响大、劳动强度高、产出量少、成本低廉。由于效益比较低，加之有机肥肥效缓慢，直接效益不明显，故农民一般不愿做大的投入，使用量不大。

（2）机械化秸秆还田

采用联合收割机或大功率拖拉机等，直接将作物秸秆粉碎，再深耕翻埋到土壤深处去。其特点是作业机械化程度高、秸秆处理时间短、腐烂时间长。

（3）秸秆制造优质有机复合肥

先用高新技术进行菌种的培养和生产，再用现代化设备控制温度、湿度、数量、质量和时间，经机械翻抛、高温堆腐、生物发酵等过程，将农作物秸秆等农业废弃物转换成优质的有机肥。

3. 用于能源建设

（1）秸秆转化为燃气

一是秸秆气化，即通过作物秸秆缺氧燃烧，产出以一氧化碳为主要成分的可燃性气体。

二是秸秆厌氧发酵后产出沼气，即通过作物秸秆适配人畜粪在厌氧条件下发酵，产生一种以甲烷为主要成分的可燃性气体，使用起来类似于城市的管道煤气。以沼气和生物质能为重点的农村可再生能源建设，可以缓解农村地区能源供应短缺的状况，并提高农民生活质量，改善生活环境。目前，山东省的许多农村通过农村新能源开发每年可转化利用秸秆40多万吨。

（2）秸秆燃烧产生热能发电

农作物秸秆是一种很好的、宝贵的、清洁的绿色再生能源，是当今世界仅次于煤炭、石油和天然气的第四大能源。每2吨秸秆的热值相当于1吨煤，而且其平均含硫量只有3.8‰，远低于煤1%的平均含硫量。据统计，我国年产农作物秸秆约为6亿吨，可作为能源用途的秸秆约2亿吨，如果充分利用可代替近1亿吨的煤炭，相当于河南省一年的产煤量。如果我国秸秆发电等可再生能源比例能达到国外的先进水平,煤炭紧缺的局面将得到有效缓解,笼罩田野的滚滚烟尘也会随之消失。

现在,秸秆发电技术已经被联合国列为重点推广项目。如丹麦已建立了130家秸秆发电厂,瑞典、芬兰和西班牙等多个欧洲国家也建成了多家秸秆发电厂。其中,加拿大瑞威集团公司在秸秆发电技术领域已处于世界领先地位,装机容量可达6万千瓦。

自2004年开始,我国也逐渐推广和普及这项技术。

4.秸秆种菇及作为其他工业原料

可选用多种农作物秸秆,比如小麦秸秆、大豆秸秆、玉米秸秆等,利用机械粉碎成小段并碾碎,以此作为基料栽培食用菌。这种技术在山东省已具有成熟的配方和管理工艺。

七、畜禽养殖业废弃物的资源化处理

1.合理的农牧结构安排

历史上,养殖业和种植业一直是唇齿相依,密不可分的。但是随着规模化畜禽养殖业的迅猛发展,产生了大量的禽畜粪便等污染物,而种植业也由化肥代替了传统的有机肥,规模化的养殖业与现代化的种植业开始分离,大量的氮、磷物质进入水体造成了日益严重的环境污染。因此,应该选择靠近农田、菜地、远离城郊的地方建立养殖场,并根据周围农田对畜禽养殖废物的利用量确定养殖规模,充分利用资源。

2.制造优质有机肥料

生产有机肥是解决畜禽养殖污染,实现资源化的有效方法。首先要遵循资源化、无害化、减量化和综合利用优先的原则,结合当地实际情况,因地制宜地将畜禽粪尿与复合有机肥加工结合起来,开发农村能源和有机肥源,建设以畜禽粪便为原料的有机肥加工厂。

3.大力发展沼气能源工程

对规模化畜禽养殖场粪尿污染进行综合整治，2004年，广州市天力畜牧有限公司投资1.05亿元，建设燃料电池实用化研究项目，其有效方法就是采用沼气发酵技术，将沼气用于发电。提高畜禽养殖废弃物资源化利用水平与污染物达标排放率。使用安全、高效的环保生态型饲料和先进的清粪工艺、饲养管理技术，在源头上实现污染控制。

八、水产养殖业污染控制

要高度重视水产养殖业污染防治，坚决取缔饮用水源保护区内的水产养殖网箱，依据水域环境的实际承载能力，合理控制养殖规模，积极推行生态型、健康型水产养殖模式。

加强水产养殖区域环境保护，确保功能区水质达标。在陆地和滩涂建设的养殖场逐步实现养殖废水处理达标后再排放。采取残饵收集措施，减少药物使用，定期清理养殖区域海底沉积物。

目前，一种海水封闭式内循环生态养殖模式已在宁海县试点获得成功。这种模式采用生态学上生物种群在食物链中的不同位置和优势互补原理，利用微生物、贝类和水生植物的净化能力，让污染物在生产过程中消失，促进了海水养殖从开放式、低产出、高污染的传统养殖模式向封闭式、集约化、生态型的高科技农业生产方式的转化，值得大力推广。

九、农村新型工业化的战略措施

1. 加快转变经济增长方式

选择生态工业园区试点，探索循环经济产业链和共生产业群模式。将发展循环经济的理念贯穿到区域经济发展、城乡建设和产品生产中，大力发展高新技术产业和环境友好产品，实现资源最大限度的优化配置和污染物产生的最减量化。严格执行国家产业政策，坚决淘汰落后的生

第三章 如何建设低碳环保的新农村

产工艺和产品，推进资源节约和综合利用，大力推行清洁生产，加大工业污染治理力度。污染物排放达标的企业，应当积极开展清洁生产；对污染物排放超标的企业，及使用有毒、有害原料进行生产或者在生产中排放有毒、有害物质的企业，要依法实施清洁生产审核，定期公布其排污状况，或者依法关闭和重点工业企业出口加工型企业，要推行ISO14000国际环境管理体系认证，提高清洁生产水平。

2. 大力推进清洁生产

（1）要制定并组织实施清洁生产中长期的规划

按照国家"十一五"规划要求实行清洁生产审核。我国已正式颁布了《清洁生产促进法》，必须认真贯彻执行，研究制定地方性清洁生产的政策和管理办法。

（2）鼓励清洁生产的经济政策

运用经济手段促进清洁生产的开展；鼓励金融机构向开展清洁生产的企业提供优惠贷款政策；税务部门对获得清洁生产企业称号的给予税收优惠；环保部门对实现清洁生产的企业减征或免征排污费等。

（3）加强清洁生产监督管理

积极推行ISO 14000环境认证标准和《绿色通行证》制度。

（4）对企业分类推进清洁生产

对已建成的效益低、污染重的企业，要通过整改和产品升级，推行清洁生产审计，实施低投入改造方案，减少污染，提高效益。对新建、改建、扩建和效益较好的企业，要大力实施清洁生产技术，从削减污染物的角度促进产业升级。对工业园区，要结合产业结构调整治理园区结构性污染，运用高新技术控制污染的产生和排放，实现工业区内环境污染的综合治理。

（5）树立清洁生产典型

根据各行业经济技术和管理的实际情况，提出在一定时限内清洁生产必须达到的指标和要求。达到指标的企业，可授予"清洁生产企业"

称号,作为示范在全国范围内推广,带动更多的企业开展清洁生产。

(6) 加强清洁生产服务

制定各行业清洁生产审计规范,明确清洁生产审计的范围、内容、方法、途径和程序,培育一批审计清洁生产的服务机构,为需要开展清洁生产的企业和单位提供全方位的技术指导和服务。

(7) 增强清洁生产的社会宣传

加大清洁生产的宣传力度和培训教育,提高全民清洁生产意识,增强清洁生产从业人员的业务素质。引进和开拓清洁生产领域中新的管理方式,推广国际国内先进经验。

3. 积极培育农村产业集群

自20世纪90年代以来,我国农村产业集群发展迅猛,对地方经济的增长起着至关重要的作用。产业集群是一种重要的经济现象。在我国,产业集群最早出现于"工业边缘化"的东南沿海农村。农村产业集群又称块状经济,主要是由于市场自由选择、当地特定经济条件和社会文化背景等因素决定的,并在一定地域空间集聚而成,是具有相对优势、能带动当地经济和社会发展的特色产业。农村产业集群作为一种具有地方特色的经济形式,具有地域集中、产业唯一、经济体内多为民营中小型企业等优点。

农村产业集群大多数是在没有工业基础的地区发展起来的,多数是小企业甚至个体工商户,就其自身力量而言,在产品研发、市场推广、信息搜集、法律服务等领域的工作是难以单独承担的,且多数小企业还没有创建品牌,缺乏对外宣传的意识与能力,从而受制于区外的大企业或中间商。由于缺少必要的规模,整体技术难以升级,只能生产一些低档产品,难以形成一定的品牌。鉴于农村产业集群发展中的问题,地方政府应采取积极措施,培育农村产业集群。政府在这一过程中的作用主要表现在以下几个方面:

(1) 科学制定农村产业集群发展规划,培育产业集群创新主体,

第三章　如何建设低碳环保的新农村
DI SAN ZHANG RU HE JIAN SHE DI TAN HUAN BAO DE XIN NONG CUN

特别是中介服务机构。

（2）积极实施人才战略，并建立地方产业集群创新的公共支持体系，促使产学研相结合，为产业集群创造源源不断的技术创新能力。

（3）培育市场，扩大市场规模，举办产品博览会与商贸会，扩大其对外影响力和市场知名度，实施区域整体营销，创建地域品牌。

（4）为农村产业集群发展提供金融支持。地方政府应依照现行法律体系，强化原有的契约关系，保证债务履行；积极改善金融机构对小企业的金融服务，拓宽集群内企业的融资渠道，解决农村产业集群内企业的资金"瓶颈"。

（5）美化农村投资环境，加强管理，增强吸引力。

4. 按照产业集群推进工业园区建设

工业园区是工业化的有效载体。当前，我国沿海发达地区正将某些产业转移到内地山区，谁承接了这种产业转移，谁就掌握了发展的主动权。而山区县（市）的土地、劳动力、水、电、等资源价格低廉，只有建立起具有一定规模、有聚集功能和良好的投资环境,并能集中体现科技进步和体制创新的工业园区,才有可能承接这种产业辐射。必须针对现有工业园区过多、过散、产业低级化等状况,加快现有县(市)级和乡镇工业园区的整合步伐,通过"一区多园"、"以强并弱"等方式,将低水平的分散的工业园区整合成有一定规模的新园区,并按产业配置和功能分类的要求,明确各园区的产业定位,形成县域产业发展的主要基地。

地方政府要敢于打破行政地域界限,鼓励乡镇之间联合创办工业园区,各乡镇引进的项目实现的税收、国内生产总值按各县(市)、乡镇分别计算,充分发挥工业园区的集聚效应,实现资源共享、优势互补、共同发展。鼓励企业向工业园区集中,壮大园区规模,发挥园区的产业集聚功能,以产业化推进工业化。

5. 不断优化农村能源结构

逐步取缔用秸秆、煤炭做燃料,改用清洁能源。在有条件的农村应大力发展沼气。改善农村能源结构,大力发展风能等新能源。

6. 严格控制污染物排放总量

所有排污单位排放污染物必须稳定控制在排放标准和总量控制指标内。超过环境容量或污染物允许排放总量的区域,应限期整顿,不再新建、扩建加重环境污染的项目;改建项目必须削减总量。

7. 控制噪声污染

在实际生产中,相关部门从设备、工艺和规划布局上采取有效的减噪措施。同时,还要加强管理,严格操作规程,防止工作人员由于操作失误或管理水平低而造成强噪声污染。对于在农民居住区进行强噪声作业的,必须严格控制作业时间,禁止在夜间(晚10点~早6点)工作。

第三章　如何建设低碳环保的新农村
DI SAN ZHANG RU HE JIAN SHE DI TAN HUAN BAO DE XIN NONG CUN

第三节　发展低碳农业

农业的发展经历了刀耕火种阶段、传统农业阶段和工业化农业阶段。而农业工业化的过程对生物多样性构成了巨大威胁：农田开垦和连片种植导致自然植被减少以及自然物种和天敌的减少；化肥造成了环境污染，进而也引起生物多样性的减少；农药的使用破坏了物种多样性；选育品种过程的遗传单一化及其大面积推广，造成了对其他品种的排斥……因此说这种农业是一种地地道道的高碳农业。改变高碳农业的方法就是发展生物多样性。生物多样性农业可以避免使用农药、化肥等。

低碳农业是一种比广义的生态农业更加广泛的概念，不仅要像生态农业那样提倡少用化肥农药，进行高效的农业生产，而且在农业能源消耗越来越多，种植、运输、加工等过程中电力、石油和煤等能源的使用都在不断增加的情况下，必须注重整体农业能耗和碳排放的降低。但是这并非就意味着低碳农业离我们十分遥远。举个例子，我们都知道植树造林的意义，这就是一种低碳农业的生产方式。据科学测定，一亩茂密的森林，平均每天可吸收二氧化碳67千克，释放出氧气49千克，所释放的氧气可供65人一天的需要。

要实现农业的低碳发展，主要考虑以下几种模式：

1. 有害投入品减量、替代模式

大量使用化肥、农药、农用薄膜等，是工业革命成果在农业上的应用，对农业的增产作用确实显著。但是，其负面作用也不可忽视，既有可能给农产品带来残毒，又有可能带来农业面源污染和土壤肥力降低，影响农业的可持续发展。多年来，各地积极探索化肥、农药、农用薄膜的减量和替代。如用农家肥替代化肥，用生物农药、生物治虫替代化学农药,用可降解农膜替代不可降解农膜。农业部门也不断开展测土配方施肥和平衡施肥,根据土壤状况和农作物生长需要,确定化肥的合理施用量,也是一种很好的方法。

2. 立体种养的节地模式

立体种植、养殖模式可以充分利用土地、阳光、空气、水,大大拓展了生物生长空间,增加了农产品产量,提高了单位面积的产出效益。

例如在江苏的江海冲积平原,有很多种立体种养模式,常见的有农作物合理间种、套种的农作物立体种植模式,桑田秋冬套种蔬菜、桑田夹种玉米的农桑结合模式;意杨林中套种小麦、大豆、棉花等农作物的农林结合模式;稻田养鸭的农牧结合模式;苗木合理科学夹种的苗木立体种植,稻田养殖、藕鳖共生、菱蟹共生、藕鳝共生的农渔结合模式;意杨树下种牧草,养殖羊、鸭、鹅的林牧结合模式;水网地区的渔牧结合模式等。

3. 节水模式

目前,我国农业年用水量约为 4000 亿立方米,占全国总用水量的 68%。其中灌溉用水量为 3600 亿~3800 亿立方米,占农业用水量的 90% 以上。据水利部农水司测算,全国灌溉水利用系数仅为 0.46,即从水源到田间,由于渗漏、蒸发和管理不善等各种原因约有一半以上的灌溉水没有被农作物直接利用。灌溉后农田水的利用效率也很低,每立方米水生产的粮食约为 1 千克,仅为发达国家的一半。

近年来,各地大力发展节水型农业,采取科学的技术措施,积极发展砼防渗渠道和管道输水,成功地减少和避免了水的渗漏与蒸发;改造落后的机电排灌设施;推广水稻节水灌溉技术和农作物喷灌、微喷灌、

第三章 如何建设低碳环保的新农村

滴灌等技术,较大限度地提高了水资源的利用率。

4. 节能模式

(1)大力推进免耕、少耕、水稻直播等保护性耕作。改革不合理的耕作方式和种植技术,探索建立高效、节能的耕作制度。在干旱地区推广耐旱作物品种及多种形式的旱作栽培技术。

(2)运用节能技术,从耕作制度、农业机械、养殖及龙头企业等方面减少能源消耗。

(3)推广集约、高效、生态畜禽养殖技术,降低饲料和能源消耗。利用太阳能和地热资源调节畜禽舍的温度,降低能耗。

(4)建造可以在冬季充分利用太阳能的温棚,种植反季节蔬菜。

5. 区域产业循环模式

在一个区域内,构建产业与市场之间的平衡,种植业、养殖业、加工业、流通业的产业大循环,形成经济发展的良性循环。

6. 清洁能源模式

合理利用农村丰富的自然资源,大力发展清洁能源,比如风力发电、秸秆发电、秸秆气化、沼气利用、太阳能利用等。特别值得一提的是,近几年,许多地方积极实施生态富民工程,即"一池(沼气池)三改(改厕、改厨、改圈)",既净化了生态环境,又获取了能源,还增加了经济收入,农民群众对此拍手叫好。

7. 种养废弃物再利用模式

以前,农民对农作物秸秆利用非常不合理,既污染了环境又造成浪费。现在农村开始推广秸秆还田培肥地力、秸秆氨化后做饲料、秸秆替代木材生产复合板材、利用修剪下的桑树枝条种植食用菌、利用畜禽粪便生产微生物有机肥、将花生壳粉碎加工成细粉再利用等,效果非常显著。

8. 农产品加工废弃物循环利用模式

农产品加工后,其废弃物可循环利用,形成良好的循环。例如,稻米加工企业可以利用优质稻米为原料生产精制米、米粉、米淀粉,加工后产生的稻壳可作燃料，米浆水中可提取淀粉，从淀粉中再提取葡萄糖和米蛋白，过滤后的水送养猪场喂猪，养猪场的有机肥再施入企业的稻米生产基地。

9. "三品"基地模式

"三品"是指无公害农产品、绿色食品和有机食品，这三种农产品因品质好、无农药残留或者微农药残留，深受广大消费者欢迎。近几年，各地政府正大力推进"三品"基地建设，大大提高了农产品的安全性。

10. 农业观光休闲模式

近几年，城市居民到农村观光休闲已成为度假休闲的一种新时尚，观光休闲农业也因此获得较快发展。目前建设的农业观光休闲模式主要有农业高新技术园区、特色农业产区、特色产品专业市场、农村天然景观、休闲农庄、历史人文遗址、知名度高的乡镇企业等。

第三章　如何建设低碳环保的新农村
DI SAN ZHANG RU HE JIAN SHE DI TAN HUAN BAO DE XIN NONG CUN

第四节　养成节约环保的好习惯

随着农村生活水平的日益提高，很多人忘记了勤俭节约的好传统，开始像许多城里人一样铺张浪费起来。在建设集约型社会、和谐小康社会的今天，这是万万不可取的。我们必须继承勤剑节约的将优良传统，并把它发扬光大。

一、节约水资源

虽然我国的淡水资源总量比较丰富，但是，缺水的地区也非常多。加上气候的变化，水的污染，我们可使用的淡水资源越来越少。为了让子孙后代见到的最后一滴水不是他们的眼泪，我们必须重视节约用水。

每年的农业生产用水要占去农村用水的很大一部分。但是，为了保证丰收又不得不用水。因此，除了在灌溉中要养成节约用水的习惯外，还应该积极采用新的有效的节水技术和措施，比如滴灌技术等，在保证收获的前提下，要最大限度地节约水资源。

节约用水，可以说涵盖了生活的方方面面，几乎所有用水的地方，只要我们用心，都可以做到节约。

1. 学会节水窍门

很多看似废弃物，其实都能再利用，而且有助于节水。比如淘米水、剩茶水。

因为米粒表面含有钾，淘米水是天然的去污剂。实验证明，头一两道淘米水会呈现pH为5.5左右的弱酸性，米洗过两次后，pH约为7.2，这种呈弱碱性的淘米水是天然的去污剂，很适合清洗物品，可以代替肥皂水洗掉皮脂。与洗洁剂相比，淘米水的去污力适中，质地温和，更重要的是没有副作用。淘米水经加热后，清洁能力更强。这是因为加热后，其中的淀粉质开始变性，具有较好的亲油性和亲水性，可以轻松吸附油垢。具体来说，淘米水具有以下一些妙用：

（1）可以用来洗手或洗脸

不仅能去污，还能滋润皮肤，洗后感觉皮肤十分光滑。

（2）可以用来刷洗餐具

不仅去污力强，还不含有害化学物质，胜过洗洁剂。

（3）可以用来处理新砂锅

新沙锅在使用前，先用淘米水刷洗几遍，再装上米汤在火上烧半小时。经过这样处理后，沙锅就不容易漏水了。

（4）可以用来去除砧板的腥臭味

砧板用的时间长了，如果不及时刷洗就会产生一股腥臭味。把砧板放入淘米水中浸泡一段时间后，再用盐擦洗，腥臭味即可消除。

（5）可防止菜刀、锅铲、铁勺等铁制炊具生锈

新买的菜刀、锅铲、铁勺等铁制炊具，浸入比较浓的淘米水中，可以防止生锈。如果铁制炊具已经生锈，可先在淘米水中浸泡数小时，这样就很容易擦去锈斑。

（6）可去掉菜中的腥味

带有腥味的菜，放入加盐的淘米水中浸泡，再用清水冲洗干净，可去除腥味。

（7）可去掉肉表面的灰土

从市场上买回的肉，有时会沾上灰土，很难用自来水冲洗净，如果用热淘米水洗两遍，就很容易清除脏物。

（8）可去除家具上的油漆味

刚上好油漆的家具，会有一股难闻的油漆味。用软布蘸淘米水反复擦拭家具，可除掉油漆味。

第三章 如何建设低碳环保的新农村

(9) 可用来洗衣服

白色衣服沾上污渍后会很难看，而且不容易清洗。可以把衣服放入淘米水中浸泡10分钟，再用肥皂清洗，能使衣服洁白如新。

(10) 浸泡毛巾

毛巾如果沾上了水果汁、汗渍等，会产生异味，并且发硬。把毛巾它浸泡在淘米水中蒸煮十几分钟，就会变得又白又软。

(10) 可用来浇花

常用淘米水浇花，可以使花长得更旺盛，而且花也会开得更艳。

此外，剩茶水也是好东西。如用剩茶水代替洗洁剂擦洗有油腻的锅碗，去油效果好，既省水又省洗洁剂；用软布蘸剩茶水擦拭竹制品或刷清漆的家具，可以使它们越来越亮，还可有效去除漆的味道；清早用剩茶水擦拭眼睛，可明目、防止眼疾；用剩茶水洗脸，可以美白、消炎、祛痘；用茶叶煮炖牛肉，可以使牛肉软烂、美味可口；在蒸米饭时，加入一些茶水，可使饭的色泽光润、口感更好；用茶水洗毛线或是毛衣，可延长毛线的使用寿命，且不易褪色；经常用茶水洗头发，可以使头发乌黑发亮。

很多人喜欢吃猪肚。但是清洗猪肚既费力又费水。如果先使用盐擦洗猪肚，在清洗过程中再用一些醋，效果更好。因为通过盐醋的作用，可把猪肚中的脏气味除去一部分，还可以去掉表皮的黏液，这是醋使胶原蛋白改变颜色并缩合。盐具有高度的渗透压作用，经过盐和醋的作用，使胶原蛋白自肚壁脱离，从而达到清除污物和去味的作用，清洗后的猪肚要放入冷水中用刀刮去肚尖老茧。这样既省力又省水。

2. 学会一水多用

将厨房较干净的洗菜水收集起来，可用来洗下顿菜的第一遍，也可以用于拖地的第一遍，还可用于冲马桶。

洗澡水、洗衣水、洗脸水都可以用来洗拖把拖地，或者用于冲马桶。洗脚水可用来浇花。

洗衣机漂洗完衣服的水可做下一批衣服洗涤用水，一次就可以节省30～40升清水。最后一次洗涤既水可用作第一遍拖地水，也可用来洗拖把，或冲马桶，还可用于冲刷室外地面。

3. 收集雨水

在降水较多的地区，可以建立一套雨水收集系统。虽然收集的雨水不可以直接饮用，但是可以用来浇花、灌溉、洗车、拖地、冲厕所等。如果经过过滤消毒处理，完全可以用来洗衣服等。

4. 修建水窖

在缺水地区，可以根据情况修建水窖。水窖是一种地下蓄水设施，在土质地区和岩石地区都可以修建。

根据形状和防渗材料，水窖形式可分为黏土水窖、混凝土盖碗水窖、水泥砂浆薄壁水窖、砌砖拱顶薄壁水泥砂浆水窖等。可根据当地土质、建筑材料、用途等条件合理选择。

第三章　如何建设低碳环保的新农村

DI SAN ZHANG RU HE JIAN SHE DI TAN HUAN BAO DE XIN NONG CUN

二、节约用电

随着家用电器的日益增多，节约用电就成了降低电费也是节能减排的重要措施。

节约用电，也就节约了发电的煤，同样也就减少了二氧化碳的排放，省一度电，就会相应地少一份污染。我们每节约一度电，就可少烧 500 克煤，可以减少向空气中排放 40 克的烟尘、14.5 克的二氧化硫。如果全社会都行动起来，这将是一个不小的数字。

那么你知道一度电到底可以干多少事吗？一度电可以让 25 瓦的灯泡连

续点亮 40 小时；家用电冰箱运转 36 小时；普通电风扇连续运行 15 小时；看 10 小时电视；小功率的空调运行 1.5 小时；电磁炉烧开 8 升的水；吸尘器把房间打扫 5 遍……

1. 不让电器长期处于待机状态

对于空调、电视机等配有遥控器的电器，人们暂时不用时总是习惯于用遥控器关机，殊不知这样做并没有真正地关机，电器还处于待机状态。如果让各种电器长时间处于待机状态，就会白白消耗大量的电能。

据芬兰环保局统计，家庭用电总量中，至少有 11% 是在家电待机状态下白白浪费掉的。每台家电在待机状态时的功率一般为其开机功率的10%左右，约5~15瓦。以电视机为例，平均每台电视每天待机2小时，待机耗电0.02度（千瓦时），按我国电视机持有量3.5亿台计算，一年的待机耗电量高达25.55亿度，相当于几个大型火力发电厂一年的发电量。所以，我们应随时注意别让电器长期处于待机状态。像电视机、电脑、微波炉、洗衣机等具有待机功能的家电，不用时应关掉电器开关，拔掉插头，或者彻底关掉插线板电源。手机、MP3、充电电池等充电完成后，应立即拔掉充电插头。

2. 插头和插座接触要严密

不要小瞧家用电器的插头与插座，只有插头与插座的接触匹配良好时，才能保证家电的正常运转。反之，插头和插座如果接触不良，会在不知不觉中多耗电40%，而且还有可能损坏电器。

3. 按需用电

（1）尽量利用自然光，早晨、傍晚天色不是很暗时，如果不写字、不做精细的识别活动，就不用开灯。只在需要时才使用电灯，并在不用时随即熄掉。

（2）尽量使用节能灯。

（3）注意使用透光率高的浅色灯罩，同时保持照明设备和灯泡的洁净，以达到最好的照明效果。

（4）如果能够安装不用电、能收集太阳光的灯具更好，比如太阳能灯。

（5）即使开灯，也尽量少开灯，不要把室内的灯都打开，关掉不必要的灯。这样照明用电量会降低很多。

第四章　怎样利用新能源

第一节　中国新能源的发展状况

　　太阳能、风能、潮汐能、地热能属于可再生能源，是不污染环境的"清洁能源"。随着煤炭、石油、天然气等传统能源资源的日益枯竭，人们对风能、太阳能、地热能、生物质能等新能源的需求正在不断升温。以目前我国重点发展的清洁能源——太阳能为例，一座农村住宅如果使用被动式太阳能供暖，每年可节约能源约0.8吨标准煤，相应减排2.1吨二氧化碳。假如我国农村每年有10%的新建房屋使用被动式太阳能供暖，全国可节约能源约120万吨标准煤，相应减排308.4万吨二氧化碳。由此可见，在农村大力推广太阳能及其他新能源已成为实现低碳生活、建设新农村的新途径。

　　如今我国正在逐步推广新能源设施，如太阳能照明灯、生物质炉具、水循环利用、风力发电等正在进入人们的生活，改变了人们的生活习惯和生活观念，而在这背后，更隐藏着一个越来越庞大的新兴能源市场以及一个即将喷薄而出的新能源产业。自《中华人民共和国可再生能源法》施行以来，以太阳能、风能、生物质能、地热能等为代表的新能源正在产业化的道路上迅速推进。

　　在内蒙古阿巴嘎旗草原上，查干诺尔苏木青年牧民苏日霍日查一家7口，过去吃完晚饭就吹灯睡觉。而1987年他们过上了"点灯不用油、看电视不发愁"的新生活，有的人家还买了电动奶油分离器，开始把风力发电用到生产上。这一年，阿巴嘎旗已有风力发电机组1100台，太阳能电池35组，牧区59%的浩特、43%的牧业户用上了新能源。

　　据统计，我国太阳能年日照时数在2200小时以上的地区约占国土面积的2/3以上，具有良好的开发条件和应用价值；可开发的风能资源

第四章　怎样利用新能源
DI SI ZHANG ZEN YANG LI YONG XIN NENG YUAN

储量达 2.53 亿千瓦；地热资源远景储量相当于 2000 亿吨标准煤，已勘探的 40 多个地热田可供中低温直接利用的热储量相当于 31.6 亿吨标准煤。这些数据无不表明，我国拥有丰富的新能源和可再生能源。

尽管短期内新能源对有效解决生产生活中的能源紧缺以及环境保护等问题不会带来太大贡献，但从长远出发，大力发展新能源和可再生能源，能够逐步改善以煤炭为主的能源结构，特别是电力供应结构，促进常规能源资源更加合理有效地利用，缓解与能源相关的环境污染问题，使我国能源、经济与环境的发展互相协调，最终实现可持续发展的目标。

事实上，开发利用新能源和可再生能源不仅能够增加和改善能源，有效解决经济发展中的瓶颈问题，而且具备十分广泛的社会效应。例如，风电产业和太阳能发电能够解决我国边疆、海岛等偏远地区的用电用能问题，实现消灭无电县和基本解决无电人口的供电问题；秸秆发电、沼气燃料等生物质能的应用则有助于实现农村电气化目标，进一步改善我国农村及城镇生产、生活用能的条件。

据有关部门测算，到 2015 年，新能源和可再生能源的利用将减少 3000 多万吨碳的温室气体及 200 多万吨二氧化硫等污染物的排放，对减轻大气污染、改善大气环境质量有明显的作用。除此以外，还能提供近 50 万个就业机会，可以为边远地区 2500 多万户农牧民解决无电问题。而且新能源和可再生能源产业的发展也必将拉动机械、电子、化工、材料等相关行业的发展。

如今，各国政府对清洁技术产业的投资力度非常大，中国和美国居于前两位，其次后是韩国。作为全球经济发展最快的国家，中国在风能、太阳能和核能领域的投资已经大于世界其他国家的总和。由于在风能、太阳能和核能领域的投资全面领先，加上各级政府的大力支持和市场的快速发展，我国有望成为全球最大的清洁技术主流市场。

此前，尽管风电设备等行业被认定为产能过剩行业，在某些产品上可能会有一些不平衡，但总体上看，新能源产业离过剩、饱和还差得很远。

如今，我国的光伏产业已达世界最大规模，光伏电池的产量占世界总产量的1/3，产品的输出对其他国家的节能减排做出了很大的贡献；太阳能热利用方面，我国的太阳能热水器累计用量已达1.3亿平方米，在很大程度上替代了煤等传统能源。

在生物质能发展方面的利用已广泛惠及农村地区，现在已有多家企业正在利用城市垃圾发电，利用生物质能开发液体燃料，包括世界上最先进的利用藻类捕获二氧化碳取得能量，正在处于中间试验阶段。以江苏省如东县为例，该县不但大力发展风电，还大力发展秸秆发电厂。凭借优惠政策的出台，大力引进技术、资金和人才，创办的秸秆发电厂采用了世界最先进的焚烧技术。自2008年投产以来，"吃"掉麦秆、稻草等10万多吨。全县采取资金补助饲养大户的办法，扶持建设了1万多座沼气池，源源不断的沼气取代焚烧秸秆、液化气。仅2009年，就相当于减少二氧化碳排放3万吨。

我国政府制定的《2000～2015年新能源与可再生能源产业发展规划要点》中明确指出：今后将大力发展风能、太阳能、地热、生物质能等新能源和可再生能源，到2015年我国新能源和可再生能源年开发量将达到4300万吨标准煤，占当时能源消费总量的2%。

我们要发展新能源，关键还是要靠新能源消费的支撑。目前新能源产业还处于起步阶段，在广大农村地区有着巨大的市场发展潜力。同时，农村地区的生活和生产尽可能多地使用新能源，用新能源替代传统能源，也是为改善日益恶化的环境尽自己的责任。

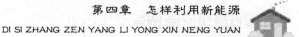

第二节 太阳能的开发利用

太阳能是太阳内部或者表面的黑子连续不断的核聚变反应过程产生的能量,是最有居民利用价值的新能源。

相对于地球来说,太阳能是一个巨大的、久远的、无尽的能源。虽然太阳辐射到地球大气层的能量仅为其总辐射能量(约为 3.75×10^{26} 瓦)的 22 亿分之一,但已高达 1.73×10^{17} 瓦。通俗地说,太阳每秒钟照射到地球上的能量就相当于 500 万吨标准煤燃烧产生的能量。

其实,地球上的风能、水能、波浪能、海洋温差能和生物质能及潮汐能都是来源于太阳能,而且地球上的化石燃料如煤、石油、天然气等也是远古时期贮存下来的太阳能。因此,广义的太阳能所包括的范围很大,而狭义的太阳能则局限于太阳辐射能的光热、光电和光化学的直接转换。

人类对太阳能的利用有着悠久的历史。自地球形成生物就主要以太阳提供的热和光生存,而自古人类也懂得以阳光晒干物件,并作为保存食物的方法,如制盐和晒咸鱼等。早在两千多年前,我国古代劳动人民就知道利用铜制凹面镜聚焦太阳光来点火。在化石燃料日渐减少下,人们更有意把太阳能进一步发展。

如今,太阳能已广泛应于千家万户,包括太阳能的光化学利用、电利用和光热利用等。在今天高科技的支持下,太阳能将成为 21 世纪乃至今后最主要的辅助能源。

太阳能既是一次性能源,又是可再生能源。它资源丰富,与免费使用且无须运输,不会对环境造成任何污染。它为人类创造了一种新的生活形态,使社会及人类进入一个节约能源,减少污染的时代。但太阳能也有不是万能的，它两个主要缺点：一是能流密度低；二是其强度受季节、地点、气候等各种因素的影响不能维持常量。因此，尽管太阳能资源总量相当于现在人类所利用的能源的一万多倍，这两大缺点却大大限制了太阳能在整个综合能源体系中的作用。

太阳能的利用有被动式利用（光热转换）和光电转换两种方式。

就目前而言，人类直接利用太阳能还处于初级阶段，主要有太阳能集热、太阳能热水系统、太阳能暖房、太阳能发电等方式。

我国蕴藏着丰富的太阳能资源，太阳能利用前景非常广阔。如今，我国太阳能产业规模已位居世界第一，是全球太阳能热水器生产量和使用量最大的国家和重要的太阳能光伏电池生产国。我国比较成熟太阳能产品有两项：太阳能光伏发电系统和太阳能热水系统。

太阳能光伏发电系统的工作原理如下：白天，在光照条件下，太阳电池组件产生一定的电动势，通过组件的串并联形成太阳能电池方阵，使得方阵内的电压达到系统输入电压的要求。然后通过充放电控制器对蓄电池进行充电，将由光能转换而来的电能贮存起来。晚上，蓄电池组为逆变器提供输入电，通过逆变器的作用，将直流电转换成交流电，输送到配电柜，在配电柜的切换作用下进行供电。蓄电池组的放电情况由控制器进行控制，保证蓄电池的正常使用。光伏电站系统还应有限荷保护和防雷装置，以保护系统设备的过负载运行及免遭雷击，以维护系统设备的安全使用。

《中华人民共和国可再生能源法》的颁布和实施，为太阳能利用产业的发展提供了政策保障；《京都议定书》的签订、环保政策的出台和对国际的承诺，给太阳能利用产业带来了前所未有的机遇；西部大开发，更为太阳能利用产业提供了巨大的国内市场；原油价格的上涨、中国能源战略的调整以及政府加大对可再生能源发展的支持力度，都为中国太阳能利用产业的发展带来极大的机会。

就农村地区来说，使用太阳能热水器、太阳能灶、太阳能电池等产

第四章　怎样利用新能源

品，不但可以节约电、煤、天然气，而且干净、环保、卫生。尽管在开始购买安装的时候价格可能贵一点，但是从长远来看，对自己、对国家都是一种节约。并且，太阳能热水器更环保，使用寿命更长。例如，1平方米的太阳能热水器1年可节能120千克标准煤，相应减少二氧化碳排放308千克。2006年年底，我国太阳能热水器面积已达到9000万平方米左右，如果在此基础上每年新增20%的使用面积，那么全国每年可节能216万吨标准煤，减少二氧化碳排放555万吨。

一座农村住宅如果使用被动式太阳能供暖，每年可节能约0.8吨标准煤，相应减排二氧化碳2.1吨。如果我国农村每年有10%的新建房屋使用被动式太阳能供暖，全国可节能约120万吨标准煤，减排二氧化碳308.4万吨。

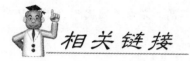相关链接

1. 太阳能南墙采暖（降温）计划

中国和世界上有绝大多数人口居住在北半球，由于北半球房屋建筑的南墙面向太阳，受到阳光照射的时间最长，因此可以在南墙上利用太阳能，或利用南墙给房屋降温。

"太阳能南墙采暖（降温）计划"，就是基于这种设想，是光热与光伏应用技术与建筑的结合。

1983年，甘肃自然能源研究所建成了亚洲最大的"太阳能采暖与降温技术试验示范基地"。在该基地，有16种不同类型的太阳能建筑物示范了各种太阳能技术，并在南墙上分别镶嵌太阳能空气集热器和其他太阳能集热蓄热构件。冬季的时候，集热器构件最大限度地吸收太阳能并将其转换为热能，然后循环到屋内来达到提高室温的效果；夏季的时候，则尽可能屏蔽太阳直射的热量，阻隔房屋内外的热量交流，达到降温的效果。这样不但可以解决北方寒旱地区农牧民的生活取暖问题，而

且对南方老百姓也非常有用。在冬季，南方的建筑室内比室外温度还低，"南墙计划"可基本解决室内取暖问题。

因此，农村居民需要自建新房和进行房屋改造时，应该在房屋设计时加入太阳能南墙采暖（降温）计划。

2."太阳能光伏屋顶计划"

我国是一个缺乏能源的国家，但头顶上的大好阳光却被我们白白浪费了。利用屋顶上的太阳能，这就是太阳能屋顶计划的设想基础。

2009年，财政部、住房和城乡建设部出台了《关于加快推进太阳能光电建筑应用的实施意见》。

为加快推进太阳能光电技术在城乡建筑领域的应用，国家相关部委推出太阳能屋顶计划。太阳能屋顶计划着力突破与解决光电建筑一体化设计能力不足、光电产品与建筑结合程度不高、光电并网困难、市场认识低等问题。

太阳屋顶政策限定示范项目必须大于50千瓦，即需要至少400平方米的安装面积，一般居民建筑很难参与，符合资格的业主将集中在学校、医院和政府等公用和商用建筑。考虑财政部补贴之后，每度电的成本更将大大降低。光伏上网电价是否能在火电上网电价上给予溢价仍不明确，但即使没有溢价，由于发电成本低于电网销售电价，业主仍有动力建设光伏项目以发电自用，替代从电网购电。如果地方政府给予额外的补贴政策，发电成本将进一步下降。

因此建议农村居民，在自建新房和需要进行房屋改造时，应该充分考虑"太阳能光伏屋顶计划"，在房屋设计上花点工夫，即降低生活成本，也没有污染。

太阳能集热器

太阳能集热器是把太阳光辐射能转换成热能的设备，它是太阳能热

第四章 怎样利用新能源
DI SI ZHANG ZEN YANG LI YONG XIN NENG YUAN

利用中的一个重要设备。按是否聚光这一主要特征，太阳能集热器可分为非聚光和聚光两大类。

1. 非聚光集热器

平板集热器是非聚光类集热器中最简单也是应用最广的集热器。它吸收太阳辐射的面积与采集太阳辐射的面积相等，能利用太阳的直射和漫射辐射。典型的平板集热器由集热板、隔热层、透明盖板和外壳四部分组成。

经过多年发展，平板集热器的性能日益提高，型式多样，规格齐全，能满足各种太阳能热利用装置的需要。近年来真空管平板集热器有了很大发展，它是将单根真空管装配在复合抛物面反射镜的底部，兼有平板和固定式聚光的特点。它可以吸收太阳光的直射和80%的散射。由于复合抛物面反射镜是一种性能优良的广角聚光镜，集热管又为双层玻璃真空绝热，隔热性能优良，工作流体通道采用不锈钢管，集热面为选择性吸收热表面，因此这种真空管平板集热器性能优良，工作温度最高可超过175℃。即使在环境温度比较低和风速较大的情况下，也有较高的效率，已广泛用于家庭热水采暖、空调和工业热利用中。

2. 聚光集热器

平板集热器直接采集自然阳光，集热面积等于散热面积，理论上不可能获得较高的运行温度。为了避免平板集热器的缺点，出现了聚光集热器。聚光集热器可以更有效地利用太阳能，就是因为提高了入射阳光的能量密度，使之聚焦在较小的集热面上，以获得较高的集热温度，并减少散热损失。

聚光集热器通常由聚光器、吸收器和跟踪系统三部分组成。其工作原理是，太阳光经聚光器聚焦到吸收器上，并加热吸收器内流动的集热介质；跟踪系统会根据太阳的方位随时调节聚光器的位置，以保证聚光器的开口面与入射太阳辐射轻率处于互相垂直的状态。

提高自然阳光能量密度的聚光方式很多，根据光学原理可以分为反射式和折射式两大类。所谓反射式,是指依靠镜面反射将阳光聚集到吸收器上。常见的有:槽形抛物面和旋转抛物面反射镜、圆锥反射镜、球面反射镜等。折射式则是利用制成棱状面的透射材料或一组透镜使入射阳光产生折射再聚集到吸收器上。

太阳能热水器

太阳能热利用时间最长、应用最广泛的当属太阳能热水器了。自1891年美国马里兰州的肯普发明了世界上第一台太阳能热水器以来,至今已有一百多年的历史。在日本,太阳能热水器的使用更是普遍,绝大多数的住宅都安装了太阳能热水器。

太阳能热水器通常由平板集热器、蓄热水箱和连接管道组成。按照流体流动的方式分类,可将太阳能热水器分成闷晒式、直流式和循环式三大类。

1. 闷晒式

这种热水器的特点是水在集热器中不流动,闷在其中受热升温,故称"闷晒式"。其结构十分简单,当集热器中的水升温到一定值时即可放水使用。

2. 直流式

直流式热水器由集热器、蓄热水箱和相应的管道组成。水在这种系统内始终单向流动,故称直流式。水箱里的冷水从集热器的底部进入,吸收太阳能后温度不断升高,密度逐渐降低,与冷水之间形成的密度差构成了循环的动力。当循环水箱顶部的水温达到使用温度的上限时,则由温控器打开电磁阀使热水流入热水箱,与此同时补给水箱自动补充冷水。当水温低于使用温度的下限时,温控器使电磁阀关闭。这种装置可使用户直接得到所需温度的热水,使用起来非常方便。

3. 循环式

第四章 怎样利用新能源

目前市场上有燃气热水器、电热水器和太阳能热水器三种。循环式太阳能热器器是当今应用最广泛的一种。按照水循环的动力又可分为自然循环和强迫循环。因为自然循环压头小，对于大型太阳能供热系统通常就需要采用强迫循环，由泵提供水循环的动力。

太阳能热水器不仅可以用太阳能加热，阴雨雪天也可用电加热，功能更强。

与燃气热水器相比，太阳能热水器的售价虽然较为昂贵，但可以避免燃气热水器隐藏的安全隐患。

电热水器虽然在价格上比燃气热水器还要便宜，但就算一家人节约使用，一天一罐水，一年要花费600元左右的电费。

相反，太阳能热水器虽然比电热水器和燃气热水器价格高一些，但是太阳能热水器除了购买成本之外，安装上之后一年四季内只要有阳光都可以免费使用。即使在没有阳光的天气只要用电烧水，每年按40多天用电，电费才消耗100元计算，每年也可以节约500元电费。

因此，从长远看，像住房条件具备的农村地区，使用太阳能热水器具有很大的好处。

太阳能热水器的日常维护与管理非常重要。日常维护好，既能保持使用效果，又能延长使用寿命。

太阳能热水器的日常维护要点如下：

（1）做防腐防锈保护处理

集热器外壳、水箱、支架、管路等要经常维护，必要时要作防腐防锈保护处理。

（2）及时补充冷水

日常使用太阳能热水器时，不管里面的热水是否用完，都应及时上满冷水。如果当时水压不足，难以上水，那么夜里或次日早上也要将水补满。即使是偶尔忘记了上水，也要想起随时补上，以防热水器空晒或半空晒。假如使用的是全玻璃真空管太阳能热水器，如果遇上晴热天气,在上午10时之前或在下午4时以后要补上冷水,因为在晴天中午时的太阳辐射强,玻璃管内的温度很高,这时如果补上冷水,容易激碎玻璃管。

(3)定期清洗

平板型和闷晒式太阳能热水器的透盖板或全玻璃真空集热管上的灰尘、污垢要定期清洗,保持盖板或玻璃管的清洁透明。清洁工作适宜在早上、晚上或阴天进行,以防玻璃盖板温度过高而被清洗的冷水激碎。

(4)采取防护措施

注意保护透明盖板不受损坏,尤其是玻璃盖板和玻璃管易碎。在冰雹多发地区要注意收听天气预报,以便及时采取遮盖防护措施。

(5)定期清理集热器

尤其是全玻璃真空集热管底端和水箱底部的沉淀污物,以防堵塞管道,并保持水质清洁。

(6)盖板或玻璃管损坏或破碎,要及时修复、更换。

(7)定期检查

首先,要定期检查集热器、水箱、各管道及其连接点是否有渗漏现象,如有渗漏应及时修复或更换。全玻璃真空集热管与水箱连接处使用的硅胶密封圈,时间长久易老化渗漏,出现漏水应及时更换。

其次,要定期检查集热器外壳、箱体的气密性是否良好,检查保温部件是否有破损、出现问题,及时修复或更换,以保持集热系统良好的隔热保温性能。同时防止雨水和灰尘进入集热器,破坏和降低其吸热性能。

最后,吸热体涂层有脱落、破损现象,应及时修复或更换,否则影响集热效果。全玻璃真空集热管内管吸热涂层脱落严重,或者内外管之间已失去真空,具体表现为用手摸外管很烫手,应及时更换质量合格的新管。

第四章　怎样利用新能源
DI SI ZHANG ZEN YANG LI YONG XIN NENG YUAN

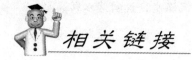

太阳能热水器使用要点

1. 夏天使用太阳能热水器应防止空晒

无水空晒，会使箱内和集热器内温度迅速升高，不仅易损坏热水器的部件，而且缩短热水器的使用寿命。因此，用过热水后应及时补满冷水。

2. 太阳能热水器水温不宜超过60℃

有时，太阳能热水器水温会高达90多℃，甚至更高。实际上，太阳能热水器内的水温不宜过高，一般不要超过60℃。一旦超过60℃之后，不但影响水箱的寿命，而且容易产生沉淀和结垢。

控制方法：中午时分，用顶水法放掉一部分热水，同时也补进一部分冷水，以降低箱内水温。

3. 冬季使用太阳能热水蒸要注意防冻

冬季气温在零下且持续时间较长，应事前将水箱排空，使上水管中不存水，以避免恶劣天气损坏水箱和上水管。同时，要经常注意天气预报，在雪天或寒流到来前要做好预防。

4. 太阳能热水器水箱被吸瘪解决方法

假如没有安装排气管或排气管堵塞，放水时，空气进不去，箱内就会产生负压而吸瘪水箱。

解决办法：装上排气管或清除掉排气管中的堵塞物。

5. 太阳能热水器漏水解决方法

假如发现太阳能热水器晚上上满水，没有使用，第二天水量却变少了，多半是因水箱、集热器或管路连接处渗漏严重引起，或者是上水管有裂纹漏水。

假如采用的是落水法,喷淋莲蓬头全天滴水,说明落水阀漏水。

出现少水现象,可能是上述原因之一,也可能以上原因都有。要及时查明原因,修补渗漏或更换管道零部件。

6. 太阳能热水器溢水管一直滴水解决方法

如果太阳能热水器溢水管一直滴水,通常有两种原因:

一是因为水箱装满水,水温上升时体积会膨胀,余水便从溢流口滴出,这属于正常现象。如果不想继续滴水,可用落水法,放出一部分水,使水箱里的水不满即可。

二是因为上水阀漏水,需要更换上水阀。

7. 太阳能热水器水总上不满解决方法

如果发现太阳能热水器上水总上不满,首先要查明原因。通常情况下,导致太阳能热水器上水总上不满的原因有三个:

一是由于水箱中上部位裂开,水到此处即流出,始终不满。

二是由于水箱或其他地方有渗漏,上满水后又漏掉。

三是由于自来水压力不足,水上不去。

假如是前两条原因要及时修复或更换部件;如果是第三条原因,等自来水压力充足后,自然就会上满水。

8. 太阳能热水器从楼顶流水解决方法

假如发现长时间上水溢流管不出水而从楼顶流水,要根据以下提示查明原因,并做出相应的处理。

提示一:溢流管脱落。水箱装满后,水从溢流口直接流到楼顶上。这时应重新安装溢流管。

提示二:溢流管堵塞。水满后从排气管流到楼顶上。这时应疏通溢流管或更换溢流管。

提示三:上水管脱落或裂开。水进不了水箱,或始终上不满水。这时应重新安装上水管或更换上水管。

第四章 怎样利用新能源

9. 使用有辅助电加热的太阳能热水器注意事项

要认真阅读太阳能热水器使用说明书,熟悉和掌握安全操作的步骤和要领:

第一,启动电加热前,首先检查水箱是否装满水,千万不能空箱加热或半箱水加热,不然会烧坏电热器,发生危险。

第二,水温加热至所需温度(或控制温度),马上关掉电源停止加热(温控器自动切断电源),使用时不要开启电源。同时为安全起见,最好拔掉电源插头。

第三,经常查看电源线是否损坏老化,电热器加热是否正常。如果发现异常,应立即停止使用,并及时查明原因,修复或更换。

10. 晴天太阳能热水器中的水不热解决方法

假如发现天气晴朗而热水器中的水不热或达不到要求,要查明原因,并做出相应处理。

假如是由于循环管形成反坡,导致冷热水循环不畅或不循环,要纠正反坡。

假如是由于集热箱体密封不好或真空管真空度降低,保温部件不保温,水温升不上来,要修复或更换部件。

假如发现上水阀跑水,始终进冷水等,要更换上水阀。

11. 太阳能热水器水箱中有热水而放不出来解决方法

发现太阳能热水器水箱中有热水而放不出来,要查明原因,排除故障或进行修理。

假如发现出水管口处堵塞,热水下不来,要疏通出水管。

假如是因电磁阀失灵导致水路不通,要更换电磁阀。

假如是因为使用顶水法取热水,自来水压力不够。要改用落水法或其他方法。因为采用顶水法的条件是:在使用热水期间,水压应保证符合设计要求,否则此法不宜采用。在自然循环和强迫循环系统中宜采用顶水法获取热水。通常使用浮球阀自动控制提供热水。浮球阀可直接安装在储水箱中，也可安装在小补水箱中。设在储水箱中的浮球阀应采用金属或耐温高于100℃的其他材质浮球，通径应能满足取水流量的要求。

太阳房

"太阳房"一词起源于美国。人们看到用玻璃建造的房子内阳光充足，四季温暖如春，便形象地称其为"太阳房"。

太阳房是直接利用太阳辐射能的重要方面，把房屋看作一个集热器，通过建筑设计把高效隔热材料、透光材料、储能材料等有机地集成在一起，使房屋尽可能多地吸收并保存太阳能，达到房屋采暖的目的。太阳房概念与建筑结合形成了"太阳能建筑"技术领域，成为太阳能界和建筑界共同关心的热点。

太阳房可以节约75%～90%的能耗，并具有良好的环境效益和经济效益，已成为各国太阳能利用技术的重要方面。目前欧洲在太阳房技术和应用方面处于领先地位，特别是在玻璃涂层、窗技术、透明隔热材料等方面居世界领先地位。某岛国已利用这种技术建成了上万套太阳房，节能幼儿园、节能办公室、节能医院也在大力推广。我国也正在推广综合利用太阳能、使建筑物完全不依赖常规能源的节能环保性住宅。在不久的将来，太阳房必将造福越来越多的人。

事实上，太阳房不但可以利用太阳能取暖发电，还可去湿降温、通风换气，是一种节能环保住宅。

直接利用太阳能进行采暖、供热水、供冷与空调的住宅广义上统称为太阳房。根据太阳房的工作方式可以分为被动式太阳房和主动式太阳房两大类。在被动式太阳房中热以自然对流的形式传递，无需额外的动力；而在主动式太阳房中需要由机械带动热循环系统。

被动式太阳房是最简便的一种太阳房，建造容易，不需要安装特殊

第四章 怎样利用新能源

的动力设备。

主动式太阳房比较复杂一点，使用更方便舒适。

此外，还有一种更为讲究高级的太阳房，称为空调致冷式太阳房。

下面重点介绍一下主动式太阳房和被动式太阳房：

1. 主动式太阳房

主动式太阳房利用集热器产生的热水采暖，蓄热器置于室外，室内又由地板供暖，故不占用室内居住面积，是这种系统的一大优点。

由于太阳辐射受天气影响很大，为保证室内稳定供暖，并在供暖的同时还能供热水，因此对比较大的住宅和办公楼通常还需配备辅助热水锅炉。来自太阳能集热器的热水先送至蓄热槽中，再经三通阀将蓄热槽和锅炉的热水混合，然后送到室内暖风机组给房间供热。这种太阳房可全年供热水。除了上述热水集热、热水供暖的主动式太阳房外，还有热水集热、热风供暖太阳房以及热风集热、热风供暖太阳房。热水集热、热风供暖太阳房的特点是热水集热后再用热水加热空气，然后向各房间送暖风；热风集热、热风供暖太阳房采用的就是太阳能空气集热器。热风供暖的缺点是送风机噪声大，功率消耗高。

2. 被动式太阳房

人类利用太阳能采暖已有悠久的历史。农村盖房大多会朝阳，并开一个巨大的窗户，自然地将太阳能引入室内采暖，这就是最原始的被动式太阳房。由于没有专设的集热装置以及隔热措施和贮热设备，这种原始的被动式太阳房既不能充分利用太阳能，也不能将白天吸收的热量保持到晚上。现代的被动式太阳房由于采取了一系列的措施，已取得良好的采暖效果。

自然供暖的被动式太阳房直接依靠太阳辐射供暖，多余的热量为热容量大的建筑物本体（如墙、天花板、地基）及由碎石填充的蓄热槽吸收；夜间通过自然对流放热使室内保持一定的温度，达到采暖的目的。这种太阳房构造简单、取材方便、造价便宜、无须维修，有自然的舒适感，特别适合我国的广大农村。

为进一步提高被动式太阳房的采暖效率，增大接受阳光的窗户面积，同时采用隔热套窗和双层玻璃窗来防止散热是首先应采取的措施。

对被动式太阳房的进一步改进是在向阳的垂直的玻璃窗面内装设厚约60厘米的混凝土墙，墙涂黑，兼作集热和蓄热壁。玻璃窗面和墙之间留有30～50毫米的夹层。墙上下两端开有长方形的通气孔。当墙壁吸收阳光被加热后，夹层中的热空气就会通过上端开孔流入房间中，而冷空气则从下端开孔流进夹层，构成自然循环，从而达到采暖的目的。

被动式太阳房形式多样，建筑技术简单、便宜、舒适。我国从1977年开始就开展了不同型式太阳房的试验研究和推广工作，建立了几十座试验性太阳房。在我国西北、华北等太阳能丰富的农村地区非常适合建造被动式太阳房。

被动式太阳房的种类有以下五种：

(1) 直接受益式太阳房

直接受益式太阳房是被动式太阳能供暖中最简便的一种，让阳光直接透过宽大的南窗玻璃，照射到起贮热作用的内墙和地板上。在夜晚，

第四章 怎样利用新能源
DI SI ZHANG ZEN YANG LI YONG XIN NENG YUAN

间温度开始下降时,墙和地板内贮存的热量(通过辐射、对流和传导)再次被释放出来,使室温维持在一定水平上。这是一种利用南玻璃窗直接接受太阳辐射能的被动式太阳房。

直接受益式太阳房是最容易建造的太阳房。直接受益窗(集热窗)是直接受益式太阳房获取太阳能的唯一途径,它既是集热器,又是散热部件。一个设计合理的集热窗应保证在冬季通过窗户的太阳热能大于通过窗户向室外散发的热损失,而在夏季使照在窗户上的日照量尽可能的少。通过增加窗的玻璃层数可以增加夜间的保温性能,改善窗的保温状态。

(2) 集热、蓄热墙式太阳房

集热、蓄热墙式太阳房是间接向房间供暖的一种形式。阳光首先照射到带玻璃外罩的集热墙上,然后通过两种途径向室内供热,一方面集热墙在吸收太阳辐射后,通过传导把热量输送到墙体的内表面,然后以辐射和对流的方式向室内供热;另一方面则通过玻璃与集热体夹层中被加热的空气,由墙体的上部送风口向室内输送热量。

(3) 附加温室式太阳房

所谓"附加温室"是指附加到房屋上的温室。这种附加温室式被动太阳房既可用于新建太阳房,也可在旧房改建时附加上去。

(4) 屋顶集热蓄热式太阳房

在屋顶上面放置装满水的密封塑料袋,其上设置可以水平推拉启闭的保温盖板,系统能在冬夏两季工作,可以兼起供暖与降温的作用。

(5) 花格集热蓄热墙式太阳房

以花格墙为集热蓄热体的被动式太阳房。

目前,一般采用240毫米或370毫米厚的砖墙作为集热蓄热体。

为了使室内进行自然采光,我国多采用直接受益式和集热蓄热的组合方式。这种组合方式不仅保证了室温的均衡性,避免了单一采用直接受益式时室温波动大的缺点,而且能够直接利用太阳的辐射进行自然采光，从而获得较理想的效果。

太阳能采暖

太阳能采暖是一种以采集太阳能作为热源，通过敷设于地板中的盘管加热地面（或通过安装于室内超导暖气片对流式散热）进行供暖的系统。

太阳能采暖系统一般由太阳能集热器、控制器、集热循环泵、蓄水保温水箱、辅助热源、供回水管和散热装置等组成。是指将分散的太阳能通过集热器，把太阳能转换成热水，将热水储存在水箱内，然后通过热水输送到发热末端（例如：地板辐射采暖、散热器采暖），提供建筑供热的需求。

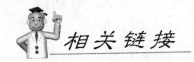

1. 太阳能地板辐射采暖系统

太阳能地板辐射采暖系统把整个房间地面作为散热面，依靠辐射传热的方式将热量传递到物体和人体表面，实现由地面向房间的辐射供暖。

太阳能地板辐射采暖系统辐射换热量约占总换热量的60%以上，它是以辐射散热为主。热容量大，热稳定性好，比其他供暖方式更舒适、更科学、更节能。

2. 太阳能纳米纳真空超导采暖系统

太阳能纳米真空超导采暖系统，结合了太阳能热水的各项优点，以超导暖气片为热能散热装置，当太阳能热水器的水温上升到35℃以上时，激发超导暖气片的超导介质，即实现热能的声速传导，3分钟即可将系统传导至最佳温区，从而达到24小时全天候供暖。

第四章 怎样利用新能源
DI SI ZHANG ZEN YANG LI YONG XIN NENG YUAN

太阳能温室

太阳能温室就是利用太阳的能量,来提高塑料大棚内或玻璃房内的室内温度,以满足植物生长对温度的要求,所以人们往往把它称之为人工暖房。

在农村,特别是北方农村,利用太阳能温室可大大提升土地的产出。冬季,植物在太阳能温室照样可以生长,可以多出一季的产出。而且冬季的蔬菜水果价格更高。

太阳能温室是一种人工暖室,通过采取保温围护结构,利用外部能量——太阳能对室内温度、湿度、光照、营养、水分及气体等条件按需要进行不同程度的人工调节,为植物生长发育创造环境条件。太阳能温室实际上是一座利用玻璃或透明塑料作为盖板建成的密闭建筑物,由此产生"温室效应",将室内气温和土壤温度提高。

普通常见温室分以下几类:

根据用途可分为:展览温室(又称观赏温室)、栽培温室、繁殖温室、育种温室、光照试验温室等。

根据建筑结构可分为:土温室、砖木结构温室、钢筋混凝土结构温室、钢结构温室。

根据温度可分为:高温温室,室内温度冬季一般在 18~36℃;中温温室,室内温度冬季保持在 12~25℃;冷室,室内温度冬季一般保持在 0~15℃。

根据采光材料可分为:玻璃窗温室、塑料薄膜温室、玻璃钢温室等。

根据外形结构可分为:单屋面温室、双屋面温室、连接屋面温室,即将几栋或十几栋双屋面温室连接起来,构成大型温室。还有鞍形温室、多角形温室、圆形温室、斜向温室等。

根据采光面朝向可分为：南向温室、东西向温室。

根据太阳能集热系统与温室的结合方式可分为：被动式太阳能温室，即太阳能集热系统与温室的隔室结合为一体，或者温室本身就是一个集热器。主动式太阳能温室，即有一个与温室隔室分开的集热系统和一个独立的贮热系统。

太阳能干燥

自古以来，人们就广泛采用阳光下直接曝晒的方法来干燥各种农副产品。这种传统干燥方法，极易遭受灰尘和虫类的污染以及被阵雨淋湿，严重影响产品质量，干燥时间也长。为此，近年来世界各国对太阳能干燥进行了深入研究。太阳能干燥有以下优点：

1. 节约燃料

采用吸热干燥的方法，每蒸发1千克的水分，约需2464千焦的热量。据此估算，如果干燥1吨红枣，需耗煤1吨；干燥1吨烟叶，需耗煤2.5吨。因此，利用太阳能吸热干燥可以节约大量燃料。

2. 缩短干燥时间

由于太阳能干燥的工作温度远高于自然干燥的温度，被干燥物品的水分蒸发大大加快。因此采用太阳能干燥，可以大大缩短干燥时间。

3. 提高产品质量

由于太阳能干燥采用专门的干燥室，因此，干净、卫生，还能杀虫灭菌，所以既可提高产品质量，还可延长产品的贮存时间。

太阳能淡化海水

地球上的水资源中含盐的海水占了97%。随着人口增加，大工业发展，城市用水日趋紧张。为了解决日益严重的缺水问题，海水淡化技术越来越受到重视。

第四章　怎样利用新能源
DI SI ZHANG ZEN YANG LI YONG XIN NENG YUAN

1872 年，瑞典工程师威尔逊设计并建成了世界上第一座太阳能海水蒸馏器。位于智利北部，面积为 44504 平方米，日产淡水 17.7 吨。这座太阳能蒸馏海水淡化装置一直工作到 1910 年，足见太阳能海水淡化的历史悠久。20 世纪 70 年代后由于能源危机的出现，利用太阳能淡化海水得到了更迅速的发展。

太阳炉

与一般工业用电炉、电弧炉不同，太阳炉是利用聚光系统将太阳辐射集中在一个小面积上而获得高温的设备。由于太阳炉无杂质，可以获得 3000℃ 以上的高温，因此在冶金和材料科学领域备受重视。

透镜点火就是最早的太阳炉。法国科学家拉瓦锡就曾用一个透镜系统来熔化包括铂在内的各种金属材料。但透镜材料的吸收及透镜成像的像差都会造成太阳辐射的损耗，因此不易获得更高的温度。此后科学家采用更好的聚光方法和精确的太阳跟踪系统使太阳炉获得更大的功率和更高的温度。1952 年，在法国南部比利牛斯山建立了世界上第一个大型太阳炉，输出功率约为 70 千瓦。20 世纪 70 年代，法国又在比利牛斯山上建造了世界上最大的巨型太阳炉，输出功率 1000 千瓦，最高温度达 3700℃。每年吸引了许多国家的科学家来此进行高温领域的科学研究。

一般地，太阳炉可分成两大类，一类是直接入射型，它的聚光器直接朝向太阳；另一类是日镜型，它是借助于可转动的反射镜或定日镜将太阳辐射反射到固定的聚光器上。

由于太阳炉能获得无污染的高温，并可迅速实现加热和冷却，因此是一种非常理想的从事高温科学研究的工具。比如利用太阳炉熔化高熔点的金属，如钽、钨等；熔化氧化物制取晶体；进行高温下物质性质的研究等。

太阳灶

太阳灶是利用太阳能来烹调食物的装置,在广大农村,特别是对燃料缺乏地区有很大的现实意义。它是利用太阳能辐射,把低密度的、分散的太阳辐射能聚集起来,进行烧水、蒸、煮和烹饪的灶具。它不烧任何燃料,没有任何污染,正常使用时比蜂窝煤炉还要快,和煤气灶速度差不多。

人类利用太阳灶已有200多年的历史,尤其是近二三十年来,世界各国都先后研制生产了各种不同类型的太阳灶。太阳灶已经称为较成熟的太阳能产品,

根据不同地区的自然条件和群众不同的生活习惯,太阳灶每年的实际使用时间在400~600小时,每台太阳灶每年可以节省秸秆500~800千克,经济效益和生态效益十分显著。

太阳灶本身必须具备以下条件:

第一,太阳灶必须提供足够的能量和温度,能烹煮所需种类和数量的食物。

第二,太阳灶必须坚固耐用,能承受频繁的操作使用以及风等其他外来因素的影响。

第三,太阳灶必须被社会所接受,适应人们的烹饪和饮食习惯,例如能在蔽荫处做饭,最好在没有太阳时也能烹饪。

第四,太阳灶应当制造方便,能充分利用当地的人力和物力。

第五,太阳灶要具备价格上的优势。

太阳灶基本上可分为箱式太阳灶、平板式太阳灶、聚光太阳灶和室内太阳灶,储能太阳灶。前三种太阳灶均在阳光下进行炊事操作。

1. 箱式太阳灶

箱式太阳灶根据黑色物体吸收太阳辐射较好的原理研制而成。它

第四章 怎样利用新能源

是一个箱子，朝阳面由一层或二层平板玻璃盖板安装在一个托盖条上构成，其目的是为了让太阳辐射尽可能多地进入箱内，并尽量减少向箱外环境的辐射和对流散热。里面放了一个挂条来挂放锅及食物。箱内表面喷刷黑色涂料，以提高吸收太阳辐射的能力。箱的四周和底部采用隔热保温层。箱的外表面可用金属或非金属，主要是为了抗老化和形状美观。整个箱子包括盖板与灶体之间用橡胶或密封胶堵严缝隙。使用时，盖板朝阳，温度可以达到100℃以上，能够满足蒸、煮食物的要求。

这种太阳灶结构极为简单，可以手工制作，且不需要跟踪装置，能够吸收太阳的直射和散射能量，价格十分低。但由于箱内温度较低，不能满足所有的炊事要求，因此推广应用受到一定的限制。

2. 平板式太阳灶

平板集热器和箱式太阳灶的箱体结合起来就是平板式太阳灶。

平板集热器可以应用全玻璃真空管，它们均可以达到100℃以上，产生蒸汽或高温液体，将热量传人箱内进行烹调。普通平板集热器如果性能很好也可以应用。例如盖板黑的涂料采用高质量选择性涂料，其集热温度也可以达100℃以上。这种类型的太阳灶只能用于蒸煮或烧开水，推广应用也受到很大限制。

3. 聚光式太阳灶

聚光式太阳灶是将较大面积的阳光聚焦到锅底，使温度升到较高的程度，以满足炊事的高温要求。其在结构上有以下特点：

（1）镜面

聚光镜是聚光式太阳灶的关键部件，不仅有镜面材料的选择，还有几何形状的设计。最普通的反光镜为镀银或镀铝玻璃镜，也有铝抛光镜面和涤纶薄膜镀铝材料，或用高反光率的镀铝涤纶薄膜裱糊在底板上，或用玻璃整体热弯成型，或用普通玻璃镜片碎块粘贴在设计好的底板上。镜面大都采用旋转抛物面的聚光原理。

太阳灶并不要求严格地将阳光聚集到一个点上,而是要求在锅底形成一个焦面,才能达到加热的目的。按照我国推广太阳灶的经验,设计一个 700~1200 瓦功率的聚光式太阳灶,通常采光面积约为 1.5~2.0 平方米。个别大型蒸汽太阳灶采光面积较大,有的在 5 平方米以上。旋转抛物面聚光镜是按照阳光从主轴线方向入射,所以常常在通过焦点上的锅具时会留下一个阴影,这就要减少阳光的反射,直接影响太阳灶的功率。我国大部分太阳灶的设计都采用了偏轴聚焦原理。

(2)底板

可用水泥制成,或用铁皮、钙塑材料等加工成型。也可直接用铝板抛光并涂以防氧化剂制成反光镜。

(3)架体

用金属管材弯制,锅架高度应适中要便于操作,镜面仰角可灵活调节。为了移动方便,在保证灶体稳定性的前提下可以在架底安装两个小轮;在有风的地方,太阳灶要能抗风不倒。可在锅底部位加装防风罩,以减少锅底因受风的影响而功率下降。

有的太阳灶装有自动跟踪太阳的跟踪器。

常见的聚光式太阳灶有伞形太阳灶、偏轴椭圆抛物面太阳灶、折叠式聚光太阳灶等。

(1)伞形太阳灶

外观像一把伞,旋转抛物面由若干块楔形的抛物面组成。楔形镜面结构用聚酯镀铝薄膜作反射镜较为方便。反光薄膜可直接粘在基材骨架上。这种结构的关键是抛物面基架的加工。镀锌铁板、玻璃钢均可作基材。也可用铁、铝等金属浇铸而成,然后将表面抛光并如保护层作反光面。

(2)偏轴椭圆抛物面太阳灶

其焦点在抛物面的一侧,炊事人员操作方便,炊具阴影不落在反光面上。这种太阳灶的设计比较合理,因此用得较多。

第四章 怎样利用新能源
DI SI ZHANG ZEN YANG LI YONG XIN NENG YUAN

(3) 折叠式聚光太阳灶

由许多条反光镜组成。这些反光镜以阶梯式连接。每一条反光镜都是一个抛物面，由于安装倾角不同而聚焦于同一处。

为了减轻重量和加强保温，反光镜基材可用硬质泡沫塑料制成。折叠式太阳灶便于野外工作人员折叠携带。

中国农村推广的一些聚光式太阳灶，大部分为水泥壳体加玻璃镜面，造价低，便于就地制作。

4. 室内太阳灶

室内太阳灶是一种把太阳能引进室内的太阳灶。由于以上三种太阳灶都必须在室外进行炊事，环境恶劣，也不卫生，为此又研制出了室内太阳灶。

室内太阳灶由聚光面、热管、贮热装置、炊具等组成，它采用传热介质（液体），把室外聚集接收到的太阳辐射能传递到室内，然后供人们用来烹调食物。考虑到室内操作的稳定性，应增加蓄热装置。

据报道，澳大利亚研制的户内太阳灶室内炊事温度可达到150℃。

5. 储能太阳灶

储能太阳灶是利用光学原理使低品位阳光通过聚焦达到800~1000℃的高温后，再利用导光镜或光纤使高温光束导向灶头直接利用或将能量储存起来。这种全新的太阳灶不仅可以做饭烧水、烘烤、储能，而且还可以作为阳光源导向室内作照明用或作花卉、盆景的光照用。

太阳灶的跟踪装置有很多种类，但主要有手动跟踪和自动跟踪两大类。由于自动跟踪装置的价格都较为昂贵，目前我国太阳灶大都采用手动跟踪。

手动跟踪太阳灶在使用过程中约5~10分钟须调整一次倾角。做饭的人在淘米洗菜的同时，隔一段时间调整一次倾角，操作还算方便。自动跟踪装置价格昂贵，若仅用于中午做饭，在经济上是不合算的。但是，假如把太阳灶作为自动跟踪集热器，一天中连续工作，除做饭外，其余时间烧开水储存起来备用，或用其他方式将能量储存起来，那么就可以考虑购置自动跟踪太阳灶。

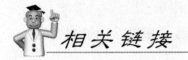

使用室外太阳灶的注意事项

箱式太阳灶、平板式太阳灶、聚光式太阳灶都是在室外阳光下工作。在使用时要注意下面几点：

（1）宜在天气晴朗、阳光直接照射的户外使用。使用时先将灶面面向太阳，放置好炊具后调整灶面角度，随着太阳的移动应及时调整灶面。勿将太阳灶放在阴影里，否则无法使用。

（2）不锈钢炊具底部宜涂黑，以便高效吸热，缩短加热时间。

（3）感觉加热较慢时应检查炊具底部是否涂黑，光照是否充足，焦距是否偏离。

（4）需要改变太阳灶的功率时，只用调整焦距在炊具上的覆盖面。

（5）隔两个月左右对金属运转部件一次润滑保养。

（6）不可用硬物或化纤布干擦来清洗灶面，应用毛巾或软棉布蘸水由上自下轻轻擦拭，使用适量洗涤剂效果更好。如果反射面上有灰尘可用清水冲洗掉，微小灰尘不影响使用。

（7）反射面不使用时不要放在太阳光下照射，勿雨淋，勿风吹，可用布做套将太阳灶罩好。

（8）不要把手或身体其他部位伸入焦距内，以免灼伤。

（9）要做好防护措施，不要让儿童攀爬灶体。

（10）在两米内不要放置易燃易爆品。

第四章 怎样利用新能源
DI SI ZHANG ZEN YANG LI YONG XIN NENG YUAN

太阳能开水器

家庭移动太阳能开水器是一种成熟的太阳能开水器。克服了太阳灶冬天没效果，太阳能热水器价格贵，无地方安装，加热达不到饮用标准，冻管，水未经过净化过滤等问题。

家用同步跟踪太阳能开水器是利用镜面抛物面在小型同步装置作用下自动跟踪太阳运动，以7倍于阳光直射的能量将阳光聚焦到真空吸热管的表面，对单根玻璃真空吸热管中的水进行加热，通过对流热交换，使容器中水温上升直至沸腾的太阳能开水器。其特点是无须任何电力即可实现每天长达10小时的高精度自动跟踪。

在水污染日益严重的今天，100℃的白开水只杀死了病毒和细菌，但水中的三氯甲烷及其他细菌的尸体喝下去对人体同样有害。并且水垢中含有对人体有害的重金属物质，如镉CD、铅PB、砷AS、汞HG等。这些重金属离子大都可以在人体内积蓄，对人体的毒害很大，时间长还容易导致癌症病变。同时，烧开水浪费煤气、浪费电，口感也不好。如果是铝壶加热，还会残留铝、氧化铝等有害物质。

纯净水则过滤掉了对人体有益的矿物质和微量元素。

而太阳能开水器将水净化后再进行紫外线杀菌，是纯净安全可放心饮用的水。首先净水技术是逆渗透膜净化，其次吸收太阳光中的紫外线进行紫外线消毒，又能吸收太阳光中的红外线以及其他不同波长的光线，转变成热能，进行高温消毒。由于受紫外线长时间照射灭菌效果更好，自来水中的氯和其他有害气体去除更加彻底，水的口感好，对人们的健康更为有利。同时纯净的玻璃管不会使水中产生任何杂质。

太阳能开水器是利用玻璃真空吸热管和镜面抛物柱面相结合，以小巧灵活的同步装置自动跟踪太阳运动，将照射在抛物面上的阳光聚焦到真空吸热管的表面，然后以数倍的能量高效率地对单根真空吸热管中的水进行加热，通过热交换，使壶中水温以较快的速度上升直至沸腾。从而解决了一般太阳能热水器无法为家庭提供开水的难题。

太阳能开水器充分利用了光的反射原理，设计了一种槽式远聚焦方式运行、全玻璃镜面反射的聚光器，基材采用了反光率较高的镜面反射，比普通贴膜式的反射率提高30%。并利用了大容量直通式真空管作为吸热元件，可以连续地供出开水，单管水容量4千克。一台单管800瓦的开水器，在太阳辐照度中值时，每40分钟可出4千克开水。夏季时节，800瓦的开水器，相当于一台1200瓦左右的电热水器，每20分钟就可出4千克开水。

太阳能开水器吸热母体为食品级不锈钢，承压能力强，可承压8千克。不受使用地点的限制，只要有阳光照射就可以烧开水。外管抗冲击性能强，适合环境较差的地区。可实现与其他热源的方便连接。冷水的加入量，可根据当天的光照状况调节，实现即开即用、现热现取。可以跟踪太阳，光跟踪调节机构具有良好的稳定性，操作简单、灵活、实用、可靠。吸热材质不与玻璃管直接接触，避免了爆管。同时有加厚高压发泡保温层。

而且太阳能开水器价格便宜，可以节约燃煤燃气费，经济实惠，清洁环保。适合别墅等采光条件好的住户，野外工作者，如铁路交叉口值班室、养蜂户、渔民、公路养护工、森林值班员等，尤其适合广大农村地区。

太阳能灯

除了太阳能热水器之外，太阳能照明灯是目前应用最广泛的太阳能产品。

太阳能灯可广泛用于家庭院落、草坪，也可用作门前的路灯。

第四章 怎样利用新能源

1. 太阳能灯具的优点

（1）安装更简便

太阳能灯具安装时，不用铺设复杂的线路，只要做一个水泥基座，然后用不锈钢螺丝固定就可。而市电照明灯具安装非常复杂：在市电照明灯具工程中有复杂的作业程序，首先要铺设电缆，这就得进行电缆沟的开挖、铺设暗管、管内穿线、回填等大量基础工程。然后进行长时间的安装调试，如任何一条线路有问题，则要大面积返工。而且地势和线路要求复杂、人工和辅助材料成本高昂。

（2）无安全隐患

太阳能灯是超低压产品，运行安全可靠，没有安全隐患。而市电照明灯由于在施工质量、材料老化、供电不正常、水电气管道的冲突等方面带来诸多安全隐患。

（3）不需要交电费

一次性投入，无任何维护成本，三年可收回投资成本，长期受益。而市电照明灯电费高昂，要长期不间断对线路和其他配置进行维护或更换，维护成本逐年递增。

如果新建成的小区里安装了太阳能照明灯，既可成为高档生态小区的卖点，又降低物业管理成本，减少业主公共分摊费用。

2. 太阳能灯分类

（1）太阳能信号灯

在航海、航空和陆上交通中信号灯的作用十分重要，许多地方由于电网不能供电，而太阳能信号灯可有效解决供电问题，光源以小颗粒定向发光的 LED 为主。取得了良好的经济效益和社会效益。

（2）太阳能标识灯

用于夜晚导向指示、门牌、路口标识的照明。对光源的光通量要求不高，系统的配置要求较低，使用量较大。标识灯的光源一般可采用小功率 LED 或冷阴极灯。

(3) 太阳能景观灯

采用各种造型的小功率 LED 点光源、线光源，被广泛应用于广场、公园、绿地等场所，此外，还有冷阴极造型灯来美化环境。太阳能景观灯可以不破坏绿地而得到较好的景观照明效果。

(4) 太阳能草坪灯

光源功率 0.1~1 瓦，一般采用小颗粒发光二极管（LED）作为主要光源。太阳能电池板功率为 0.5~3 瓦，可采用 1.2 伏镍电池等二电池。

(5) 太阳能路灯

是目前太阳能光伏照明装置主要应用之一，应用于村镇道路和乡村公路。采用的光源有小功率高压气体放电（HID）灯、荧光灯、低压钠灯、大功率 LED。由于其整体功率的限制，应用于城市主干道上的案例不多。随着与市政线路的互补，太阳能光伏照明路灯在主干道上的应用将越来越多。

(6) 太阳能杀虫灯

应用于果园、种植园、公园、草坪等场所。一般采用具有特定光谱的荧光灯，比较先进的使用 LED 紫光灯，通过其特定谱线辐射诱杀害虫。

(7) 太阳能庭院灯

应用于城市道路、商住小区、公园、旅游景区、广场等照明及装饰。也可以根据用户需要将上述的市电照明系统改成造成太阳能照明系统。

(8) 太阳能手电筒

采用 LED 作为光源，可以在野外活动或紧急情况时使用。

太阳能烤箱

到郊外去野餐时，不用生火是否可以加热食物？是的。太阳能烤箱

第四章　怎样利用新能源
DI SI ZHANG ZEN YANG LI YONG XIN NENG YUAN

是一款完全可以取代电器的成熟太阳能产品。

它使用无电力消耗，使用寿命长，不污染环境，是电力缺乏地区的理想之选，只要有太阳的地方，都能使用太阳能烤箱。

在阳光明媚的时候，太阳能烤箱可以达到110℃，足够加热香肠，可以随时做个热狗吃。

葡萄牙的一家公司生产了一种太阳能烤箱，打开后，周围的镜面光板可以将反射的阳光全部集中在烤箱里，烤箱内部由容易吸收热量的板材制成，用不了多久，就能吃到热气腾腾的食物了。

有一种便携式太阳能烤箱，将食品物体放在箱内，盖上透明盖板。透明盖板会导入太阳光加热食品以及起密封作用，四周外侧有八块反射板可反射阳光。反射板可用真空镀铝薄膜，当反射板成角度地朝箱内导入阳光时，涂黑的箱壁内部就吸收太阳能，箱壁可选用黑色搪瓷材料，既吸热又卫生，还可耐腐蚀，箱体底部和周边必须有保温隔热材料。

而且，这种便携式太阳能烤箱具有可折叠的特点，通过手柄可手提，适用旅游野餐及野外工作者使用。

太阳能制冷

太阳能制冷是指利用太阳辐射热作动力来驱动制冷装置工作。太阳能制冷之所以前景诱人，就是由于越是太阳辐射强的时候，环境温度越高，制冷越快。这与太阳能采暖的情况正好相反，越是冬季需要采暖的时候，太阳辐射越弱。但太阳能制冷的开发利用远不如太阳能采暖，其主要原因是制冷系统和设备比采暖复杂，成本很高。

现在市场上出现的单晶硅太阳能风扇帽，就是利用太阳能驱动帽子上的风扇运转，以达到凉快的效果。

太阳池

太阳池是一种人造盐水池。它利用具有一定盐浓度梯度的池水作为太阳能的集热器和蓄热器，开辟了一条新的途径，从而可以大规模地廉价利用太阳能。

20世纪初，匈牙利科学家凯莱辛斯基在匈牙利的迈达夫湖考察时意外地发现，夏末在湖深132厘米处的水温竟高达70℃。直到20世纪60年代初，以色列科学家在死海海岸实验时，才发现80厘米深处的水温可达90℃，于是世界上第一座用人造盐水池来收集太阳能的装置就被命名为"太阳池"。1979年，以色列还成功地用太阳池（深2.7米，面积7000平方米）做热源建立了一个150千瓦的发电站。现在太阳池在采暖、空调和工农业生产用热方面都已得到实际应用，并取得了良好效果。

20世纪80年，代以色列在死海又建了一座功率为5兆瓦的太阳池发电站。2000年以后，以色列的太阳池发电达到了2000兆瓦。

太阳池的贮热量很大，因此可以用来采暖、制冷和供给空调能量。许多国家都利用太阳池为游泳池提供热量或为健身房供暖，或者用于大型温室。其中利用太阳池发电是非常受关注的。

此后，美国、前苏联、加拿大、法国、日本、印度等国也对太阳池的各个方面进行了大量的研究。美国已在建单机容量为30兆瓦的太阳池发电站。由于太阳池发电的成本远远低于其他太阳热发电方法，价格与燃油电站差不多，因此前景广阔。

太阳能光利用

太阳能光利用最成功的是用光—电转换原理制成的太阳能电池，又称"光电池"。1954年，在美国的贝尔实验室诞生了世界上第一块太阳能电池，随后1958年被用作"先锋1号"人造卫星的电源上了天。这种电池可保证人造卫星安全工作达20年之久，从而彻底取代了只能连续工作几天的化学电池，为航天事业的发展提供了一种重要的动力

第四章 怎样利用新能源
DI SI ZHANG ZEN YANG LI YONG XIN NENG YUAN

能源。

太阳能电池利用半导体内部的光电效应,当太阳光照射到一种称为"PN结"的硅半导体上时,波长极短的光很容易被半导体晶体内部吸收,并去碰撞硅原子中的"价电子",使"价电子"获得能量变成自由电子而逸出晶格,产生电子流动。太阳能电池质量的一个重要指标是它的光电转换效率。从理论上讲,单晶硅太阳能电池的转换效率约为28%,而实际上硅太阳能电池的光电转换效率只有15%,还有待进一步改进。硅太阳能电池目前存在的另一主要问题是价格较贵。为了降低成本,人们开始用非晶硅半导体来代替晶体硅做太阳能电池的材料。非晶硅和晶体硅相比,更容易吸收波长更短的光。此外,太阳能电池的厚度采用晶体硅至少要70微米,而采用非晶硅时只需1微米,大大节约了原料,降低了成本。但目前非晶硅的光电转换效率也有待提高。

太阳能电池不但可以利用太阳光的直射,而且可以利用太阳的散射光;它重量轻,无活动部件,使用安全,单位质量有相当大的功率输出,适用于小型发电,因此它被研发出来就备受关注。

但对人类最有吸引力的是太空太阳能发电站。因为地面上的日照状况受地球自转、公转和气候的影响很不稳定,科学家设想通过航天器在离地球3.58万千米的地球同步轨道上建造一个重达万吨的巨型同步卫星太阳能电站。它是由永远朝向太阳的太阳能电池列阵、能把直流电转换成微波能的微波转换站、发射微波束能的列阵天线三部分组成,以微波形式通过天线向地面输电。在地面上则要建一个面积达几十平方千米的巨型接受系统。

太空太阳能电站占地面积是十分巨大的,据计算,一座 8×10^{10} 瓦的太空太阳能电站,其太阳能电池的列阵面积要达64平方千米,需装配几百亿个电池板,把微波发往地球的天线列阵面积需2.0平方千米。从现有科学技术发展的情况看,航天器技术正在飞速进步,太阳能电池的成本正在不断降低,转换效率也在逐步提高,因此在21世纪建成太空太阳能电站是完全可能的。太空太阳能电站的建立无疑将彻底改善世界的能源状况,人类都期待这一天的到来。

  虽然,太空太阳能站与农村生活似乎也无太大关系。但是,随着光电技术的不断进步,太阳能电池的应用将会从航天领域走向各行各业,走向千家万户。如太阳能汽车、太阳能游艇、太阳能自行车,太阳能飞机等都相继问世,它们中有的已进入市场。而太阳能手电筒、太阳能计算器更是进入了普通家庭。

第四章 怎样利用新能源

第三节 风能的开发利用

风力发电的应用前景

风是地球上的一种自然现象,它是由太阳辐射热引起的。太阳照射到地球表面,地球表面各处受热不同,产生温差,引起大气的对流从而形成风。

风能作为一种清洁的可再生能源,越来越受到世界各国的重视。其蕴含量巨大,全球的风能总量约为 2.74×10^9 兆瓦,其中可利用的风能为 2×10^7 兆瓦,比地球上可开发利用的水能总量还要大 10 倍。从很早开始,风就被人们利用来抽水、磨面等,而现在,人们关注的是如何利用风来发电。

风力发电的原理,是利用风力带动风车叶片旋转,再通过增速机将旋转的速度提升,来促使发电机发电。根据目前的风车技术,大约每秒 3 公尺的微风速度,便可以开始发电。

风是没有公害的能源之一,不会产生辐射或空气污染。而且它取之不尽,用之不竭。对于缺水、缺燃料和交通不便的沿海岛屿、草原牧区、山区和高原地带,因地制宜地利用风力发电是非常适合的。

如今,风力发电正在世界上形成一股热潮。风力发电在芬兰、丹麦等国家非常流行,而美国 40 多万户家庭的生活用电来自风能。

我国风能资源丰富,可开发利用的风能储量约 10 亿千瓦,其中,陆地上风能储量约 2.53 亿千瓦(陆地上离地 10 米高度资料计算),海上可开发和利用的风能储量约 7.5 亿千瓦。

在 20 世纪 50 年代末,我国风力机的发展主要是各种木结构的布篷式风车，1959年，仅江苏省就有木风车20多万台。60年代中期，我国主要是发展风力提水机。70年代中期以后，风能的开发利用列入了国家"六五"重点项目，得到迅速发展。进入80年代中期以后，我国先后从丹麦、瑞典、比利时、德国、美国引进一批大、中型风力发电机组。在新疆、内蒙古的风口及山东、浙江、福建、广东的岛屿建立了8座示范性风力发电场。1992年，我国的风力发电装机容量已达8兆瓦。新疆达坂城的风力发电场装机容量已达3300千瓦，是全国目前最大的风力发电场。1997年，我国新增风力发电10万千瓦。尽管如此，与发达国家相比，我国对风能的开发利用还相当落后，不但发展速度缓慢而且技术落后，远没有形成规模。进入21世纪后，我国在风能的开发利用上加大了投入力度，使高效清洁的风能在我国能源的格局中占有相当的地位。目前，我国已研制出100多种不同型式、不同容量的风力发电机组，并初步形成了风力机产业。而2003年年底全国电力装机约5.67亿千瓦。截至2009年，我国的装机发展速度仅次于美国，已成为世界装机发展最快的少数国家之一，连续4年年增速超过100%，风力发电装机总量已经超过2000万千瓦。

根据国家规划，未来15年内，全国风力发电装机容量将达到2000万～3000万千瓦。以每千瓦装机容量设备投资7000元计算，未来风电设备市场将高达1400亿～2100亿元。

在发展风电方面，江苏省如东县全县沿海风电企业装机容量达到42万千瓦，2009年，该县首次从陆地风力发电延伸到近海风力发电，上网发电量已达到5亿千瓦时。如东三家绿色能源生产企业减排的二氧化碳，成了欧洲国家的抢手货，2009年分别被法国、荷兰等国公司以总计200多万欧元的价格买走。

如今，我国的电网调峰主要以煤电为主，这同欧洲相比，能力和速度远远不及。假如让风电参与调峰，我国的调峰能力将大幅增加。2007年国家电监会公布了《电网企业全额收购可再生能源电量监管办法》，

第四章　怎样利用新能源
DI SI ZHANG ZEN YANG LI YONG XIN NENG YUAN

表示风电在并网时享有优先调度权和电量被全额收购的优惠。对于参与调峰的风力发电电厂，国家可能对其损失给予一定补贴。

《中华人民共和国可再生能源法》明确规定，对于风电特许权项目，上网电价采用招标形式，引入竞争，提高风力发电的经济性，促进风电机组国产化；在财税政策方面，对风电采取了增值税、所得税减半、银行贷款利率优惠等鼓励措施。按照规划，未来15年我国风电装机容量将以年均20%的速度增长。

在过去的10年，我国风电产业的发展更多是一种资源主导的模式，而未来更多将向需求主导式转变。中国的风况和美国、南美地区有较多相似，如果中国自主研制出适合自己风况的技术设备，那样在美国、南美也会有广阔的市场。

我国的风力资源及其分布

我国面积辽阔，海岸线长，且岛屿多，风能资源丰富。据中国气象科学研究院估计，全国陆地距地面10米高度层风能资源总储量约32.26亿千瓦，实际可供开发的有2.53亿千瓦。我国东部的浅海海域面积辽阔，风能资源更加丰富，初步估计约为陆地风能资源的3倍，为7.5亿千瓦。如把海上风能估计在内，可供开发的有10亿千瓦以上。我国风能资源较丰富区的风能储量如下表所示。

表4-1 风能资源较丰富的省区

省份	风力资源（万千瓦）	省份	风力资源（万千瓦）
内蒙古	6178	山东	394
新疆	3433	江西	293
黑龙江	1723	江苏	238
甘肃	1143	广东	195
吉林	638	浙江	164
河北	612	福建	137
辽宁	606	海南	64

风能资源的利用

1. 风力提水

风力提水从古到今一直得到了较普遍的应用。20世纪下半叶,为解决农村、牧场的生活、灌溉和牲畜用水,并且为了节约能源,风力提水机有了很大的发展。

根据用途现代风力提水机可以分为两大类:一类是高扬程小流量的风力提水机,它与活塞泵相配提取深井地下水,普遍用于草原、牧区,主要为人畜提供饮水。另一类是低扬程大流量的风力提水机,它与螺旋泵相配,提取河水、湖水或海水,主要用于农田灌溉、水产养殖或制盐。风力提水机在我国用途广阔,如"黄淮河平原的盐碱改造工程"就大规模地采用风力提水机来改良土壤。1990年底全国风力提水的灌溉面积达2.58万亩。

2. 风力发电

利用风力发电已日趋成为风能利用的主要形式,受到世界各国的高度重视,而且发展的速度最快。

风力发电通常有三种运行方式。

(1) 独立运行方式,通常是一台小型风力发电机向一户或几户提供电力,它用蓄电池蓄能,以保证无风时的用电。

(2) 风力发电与其他发电方式(如柴油机发电)相结合,向一个单位、村庄或一个海岛供电。

(3) 风力发电并入常规电网运行,向大电网提供电力。这种方式常常是一处风场安装几十台甚至几百台风力发电机,是风力发电的主要发展方向。

3. 风帆助航

在机动船舶快速发展的今天,为节约燃油和提高航速,古老的风帆

第四章 怎样利用新能源

助航也得到了发展。航运大国日本已在万吨级货船上采用电脑控制的风帆助航,节油可达15%。

4. 风力制热

随着人民生活水平的提高,家用能源中热能的需求量越来越大,特别是在高纬度的欧洲、北美取暖、煮水是特别耗能的。为解决家庭及低品位工业热能的需要,风力制热有了较大的发展。

风力制热的原理是是将风能转换成热能。目前,风力制热有三种转换方法。

(1)风力机发电,再将电能通过电阻丝变成热能。虽然电能转换成热能的效率是100%,但风能转换成电能的效率却很低,因此从能量利用的角度来考虑,这种方法是不可取的。

(2)由风力机将风能转换成空气压缩能,再转换成热能,即由风力机带动离心压缩机,对空气进行绝热压缩而放出热能。

(3)将风力机直接转换成热能。相比来说,第三种方法的制热效率最高。

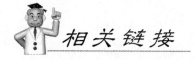

风力发电的方式

(1)弱风型"大风车"

弱风型"大风车",又叫"核弹头"是专门为居民生活用电设计的,其最大功率不超过一千瓦。最大的特点是启动的风速低,最低可以在2级风条件下工作。高两三米,由于风叶设计酷似核弹头。平时,它将风能转化为电能,积蓄起来,可以满足不少小型家用电器的用电量,包括日常照明、电视机、电脑以及热水器等。

（2）风光互补路灯

风光互补路灯是在风力发电机的支撑架上，安装两个翅膀状的太阳能电池板，由此将风能和太阳能结合在一起，物尽其用。在不同的天气情况下，风光互补路灯可以根据安装地点的风力和太阳辐射量的变化，将风能和太阳能转化为电能，更节能、更环保。风光互补路灯可作为庭院灯、草坪灯使用。

第四章 怎样利用新能源

第四节 水能和海洋能的开发利用

水能

水能是清洁的可再生能源,是人类开发利用能源的重要组成部分。我国河流众多,是世界上水能资源最丰富的国家之一。自20世纪50年代以来,我国开发利用水能资源,兴建了一批水利水电工程,充分发挥了防洪、发电、供水、航运、灌溉等综合效益。

在我国能源发展战略中,水能开发和水电建设一直是能源建设中一个重要组成部分,投入了大量的人力、物力和财力。我国水电资源按经济可开发量统计,总装机容量为4.02亿千瓦,主要分布在由青藏高原向云贵高原过渡的区域,从西向东依次有怒江、澜沧江、金沙江、雅砻江、大渡河,水电资源的蕴藏量占总量的70%以上。据勘测统计,全国可建0.5兆瓦以上的电站有11652座,其中,30万千瓦及以上的电站有175座,占1.54%,装机容量为2.76亿千瓦,占68.7%;5万千瓦到30万千瓦之间的电站有631座,占5.45%,装机容量为0.683亿千瓦,占17%;0.5兆瓦~5万千瓦之间的电站有10846座,占93%,装机容量

为 0.575 亿千瓦，占 14.3%。我国河流的总长度大约为 22 万千米，其中可开发为大中型水电站的河段长度大约 2 万千米。实际上，我国目前已开发建设的水电装机容量只占经济可开发量的 1/4。

海洋能

海洋能是指蕴藏在海水里的可再生能源，主要包括潮汐能、波浪能、海流能、海水温差能（海洋热）、海水盐差能（盐浓度）。潮汐能和海流能来源于太阳和月球对地球的引力变化；其他海洋能则源于太阳能。

按储存形式不同，海洋能又可分为机械能（潮汐能、波浪能和海流能）、热能（海水温差能）和化学能（海水盐差能）。海洋空间里的风力和太阳能，在海洋一定范围内的生物能也属于广义的海洋能。

1. 潮汐发电

潮汐现象起因于地球、月亮和太阳这些天体的相互运动，是可预测的。潮汐的能量与潮量和潮差成正比。据实践证明，潮涨、潮落的最大潮位差达到 10 米以上（平均潮位差大于等于 3 米）时，才能获得经济效益，否则难以开发。

潮汐发电的工作原理是：在适当的地点建造一个大坝，涨潮时，海水流入坝内水库，以热能的形式保存带动水轮机工作从而发电；落潮时，海水流向大海，同样推动水轮机旋转而发电。因此，潮汐发电所用的水轮机需要在正反两个方向的水流作用下都能同向旋转。

人类利用潮汐发电已有近百年的历史，潮汐发电是利用海水潮涨潮落的势能发电，是海洋能利用技术中最成熟的、也是规模最大的一种。

潮汐发电的优点有很多，主要表现在以下几个方面：

(1) 可再生能源

潮水每日涨落，周而复始，是取之不尽、用之不竭的，因此潮汐能

第四章 怎样利用新能源

是一种可再生能源，它具有清洁、不污染环境、不影响生态平衡的特点，完全可以成为沿海地区生活、生产需要的重要补充能源。

（2）建设方便

潮汐电站在建设的过程中，不需要筑高水坝，不会淹没农田构成水库，更不会造成人口迁移的问题，特别适合在人多地少、农田非常宝贵的沿海地区开发。还可大搞综合利用，围垦大片海涂地，把水产养殖、水利、海洋化工、交通运输结合起来，这对于经济开发更是一个靓点。

（3）发电量稳定

潮汐能是一种相对比较稳定的能源，不受丰年、枯水年和丰水期、枯水期的影响，也极少受气候、水文等自然因素的影响，全年总发电量十分稳定。

（4）发电成本低

潮汐能是一种非常经济实用的能源，开发的时候一次能源和二次能源相结合使用，既不需要燃料，又不受一次能源价格的影响，而且运行时费用很低。因此，发电的成本十分低，每度电的成本价格只相当火电站的1/8。

（5）减低灾害

潮汐电站在建设时即使水坝受到破坏，也不至对下游城市、农田、人民生命财产等造成严重灾害。

潮汐发电也有一些缺点，主要表现在以下几个方面：

（1）投资成本高

潮汐电站常建在港湾海口处，由于水深坝长，在施工和处理地基以及防淤等过程中经常会遇到困难，所以在土建和机电方面投资很大，造价会比较高。

（2）设备易被腐蚀

潮汐电站是低水头、大流量的发电形式。涨落潮时的水流方向相反，故水轮机的体积大，耗钢量多，进出水建筑物结构复杂。因为建筑物长期浸泡在海水中，金属结构物和海工建筑物常会受到海水及其中的水生物的腐蚀和沾污，所以需要做特殊的防腐和防海生物黏附处理。

（3）间歇性

由于潮水落差和水头在一天内经常发生变化，在没有特殊调节措施时，出力有间歇性。要想克服其间歇性，就必须随时关注潮汐预报，提前制订运行计划，或者与其他电网并网运行等。

我国是世界上建造潮汐电站最多的国家。据不完全统计，中国潮汐能的蕴藏量为1.1亿千瓦，其中可开发的约3850万千瓦。1959年，我国第一座潮汐电站浙江临海的汐桥村潮汐电站建成，总容量60千瓦。1980年，位于浙江乐清湾的江厦潮汐电站首台500千瓦机组开始发电，1985年全部竣工，总装机容量3200千瓦，电站属于单库双向运行方式，是我国最大、位居世界第三的潮汐电站。此外，我国还有江苏太仓浏河、浙江象山岳浦、广西钦州果子山、福建幸福洋、山东乳山白沙口等潮汐电站。

2. 海流发电

海流的产生主要是由于太阳能输入不均而形成海水流动所致。海流发电是利用海洋中部分海水沿一定方向流动的海流和潮流的动能发电的。海流发电装置的基本形式与风力发电装置类似，故又被称为"水下风车"。海流动能转换为电能的装置有螺旋桨式、降落伞式、磁流式和对称翼型立轴转轮式等多种形式。

3. 波浪发电

波浪能是海洋能中最不稳定的能源。波浪潮流能发电存在抗台风、液压机械稳定性、稳压控制等许多技术难题。实测表明，10分钟内波浪的最大能量约为其平均能量的7~10倍。现在波浪能独立发电已进入实用化阶段。

波浪发电的装置主要有漂浮式和固定式两种。目前，向着实用化方向不断进行研究的为水中振动型，其发电装置采用威尔斯涡轮机，能在往复的空气流中始终向一个方向旋转。其原理是：由于波浪使空气室内的水面上下波动而使装置上部的空气流向不断发生正反变化，空气的流动使涡轮机运转而发电。

4. 潮流发电

潮汐发电主要有两种形式，一种是堰坝式系统，另一种就是潮流式发电，就是利用海水流动的动能，推动涡轮发电机，与风推动风车的方式类似。因为潮流能发电不需要筑坝蓄水，具有对环境影响小等许多优点，是目前比较常用的方式。

潮流是由潮汐现象引起的周期性的海水流。与潮汐类似的潮流，在外洋减弱，靠近海岸则变强，特别在海湾入口的狭窄之处或截断陆地后形成的窄海峡和水道处，流速很快。因此，潮流流速快的地域分布与潮位差大的地域分布是一致的。潮流的流速与潮位一样，以12小时25分的周期呈正弦波形变化，每隔半个周期变化一次流动的方向。

目前，潮流能发电试验已经在在国内外初步进行，比如日本，其潮流能的蕴藏量约为2500万千瓦，门峡最大流速18千米/小时，来岛海峡最大流速36千米/小时，比海流的流速快2倍以上。以意大利阿基米德桥公司为主的欧盟执行单位已在1999年与中国数家科研机构达成协议，拟在舟山群岛岱山海域的龟山水道兴建世界首座潮流能电站。新近研究的潮流能发电方案包括浙江舟山的潮流发电方案和广东的近岸潮流发电方案。

第五节　地热能的开发利用

我国的地热资源十分丰富，在我国的西藏、云南、广东、河北、天津、北京等地都有大量的地热资源。根据对地热资源的利用，可分为对流型地热资源和传导型地热资源。对流型地热资源以热水方式向外排热，呈零星分布；传导型地热资源分布范围广，资源潜力大。

据统计，我国已开发利用的温泉，年放热量为 101.9×10^{15} 焦，约折合 3.48 兆吨标准煤的放热量，而这些只占我国地热可开采量的一小部分。我国地热资源的利用有待于进一步研究和开发。

地热发电

地热发电是地热利用的最重要方式，高温地热流体应首先应用于发电。我国的西藏地区处于喜马拉雅地热带，已被确定可供发电的高温地热田至少有 57 个，可供装机理论容量为 1930 兆瓦，而目前开发的地热田只有 3 个。其中著名的羊八井地热电厂已经建成一座 25 兆瓦的工业型地热电站，为西藏地区的供电作出了重大贡献。

根据地热流体的类型，目前有蒸汽型地热发电和热水型地热发电两种方式。

1. 蒸汽型地热发电

蒸汽型地热发电是较为简单的发电方式，把蒸汽田中的干蒸汽直接引入汽轮发电机组发电，但在引入发电机组前应把蒸汽中所含的岩屑和水滴分离出去。由于干蒸汽地热资源十分有限，且多存在于较深的地层，开采技术难度比较大，故发展受到限制。

第四章 怎样利用新能源

2. 热水型地热发电

热水型地热发电是地热发电的主要方式。目前，热水型地热电站有闪蒸系统和双循环系统两种。

（1）闪蒸系统

其原理是，当高压热水从热水井中抽到地面，由于压力降低部分热水会沸腾并"闪蒸"成蒸汽，蒸汽送进汽轮机做功；而分离后的热水可继续利用后排出，当然最好是再回注入地层。

（2）双循环系统

地热水首先流经热交换器，将地热能传给另一种低沸点的工作流体，使之沸腾而产生蒸气。蒸气进入汽轮机做功后进入凝汽器，再通过热交换器从而完成发电循环。地热水则从热交换器回注入地层。这种系统特别适合于开发含盐量大、腐蚀性强、不凝结气体含量高的地热资源。发展双循环系统的关键技术是开发高效的热交换器。

地热供暖

地热供暖是仅次于地热发电的一种地热利用方式。可以直接利用地热采暖、供热和供热水，这种利用方式简单、经济性好，备受各国的重视，尤其是位于高寒地区冰岛开发利用得最好。早在1928年，冰岛就在首都雷克雅未克建成了世界上第一个地热供热系统，现今这一供热系统已发展得非常完善，每小时可从地下抽取7740吨80℃的热水，为全市11万居民供暖使用。由于没有高耸的烟囱，冰岛首都被誉为"世界上最清洁的城市"。

此外，地热可以给工厂供热，如用作干燥谷物和食品的热源，还可用作木材、造纸、纺织、酿酒、制革、制糖等生产过程的热源，这是大有前途的。目前世界上最大的地热应用工厂属冰岛的硅藻土厂和新西兰的纸浆加工厂。

我国在利用地热采暖和供热水的技术发展十分迅速，在北京、天津地区尤其普遍。

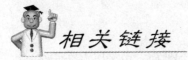

地源热泵采暖系统

地源热泵采暖系统是使用地下盘管中循环流动的热水作为热源，借助地源热泵机组，通过消耗少量的电能，在冬天将水资源中的热能量"汲取"出来，经地暖管网供给室内，从而达到采暖效果。

在条件合适的地方，农村居民和别墅居民可以考虑新建应用或改造应用地源热泵采暖系统。

地热务农

地热在农业领域中的应用十分广泛。自20世纪70年代以来，我国开始发展现代农业地热科技，如地热孵化家禽、地热水产养殖、地热温室种植、地热烘干、地热制冷、地热沼气池加温、地热水宰杀畜禽等项目由此应运而生。

1. 地热孵化家禽

以地热能做热源，建造孵化箱（室），规模化孵化鸡、鸭、鹅等家禽和鹌鹑、孔雀、鸵鸟、鸽子及宠物鸟类，是地热农业的另一个发展方向。地热孵化利用半自动化或自动化孵化箱，具有数量可多可少，温度恒定，不受季节限制，节能省电，操作方便和孵化率健雏率高的优点。地热水温度只要大于60℃，就可适合地热孵化技术，获取可观的经济效益。

2. 地热水产养殖

第四章 怎样利用新能源
DI SI ZHANG ZEN YANG LI YONG XIN NENG YUAN

地热养殖的重点是保护不耐低温的亲鱼和鱼种的安全越冬，提早产卵和孵化。我国最早引进的地热养殖品种是非洲的罗非鱼。罗非鱼属热带鱼类，是池塘、高密度热水和网箱养殖的优良品种，其优点是繁殖产量大、产值高、生长快、疾病少、味道鲜；但缺点是18℃就停止生长，在14℃时就开始死亡。因此，用温度高于18℃的地热温水池塘，帮助罗非鱼越冬和鱼苗繁殖，就成了北方寒冷地区发展罗非鱼养殖的最佳选择。

近几年，地热水产养殖的种类也在不断增加，如甲鱼、鳗鱼、鲤鱼、草鱼、鲫鱼、鲢鱼、河虾、对虾等。目前，我国利用地热水发展水产养殖业的省份，以河北、福建最为集中。

3. 地热温室种植

地热温室种植是利用地热流体作为热源建造温室为土壤加温，把建筑物供暖后排放的25～40℃的地热尾水导入地下加温管道，使地温保持在20～25℃，使喜温作物叶片加快分化和生长，促进农作物早熟，提前上市。即使是在严寒时节，农民也能正常地培植各种反季节蔬菜、瓜果，以及无土栽培、育种育苗、组织培养、花卉扦插等，这样不仅大大提高了土地的利用率和单位面积的产量产值，而且也为丰富市民的菜篮子做出了很大的贡献。

目前，辽宁、河北、天津、湖北、福建等省、市的地热温室都已取得显著效益，且有十分良好的发展前景。

4. 地热烘干

我国的某些地区如陕西咸阳的辣椒、大蒜在国际市场十分走俏，是出口蔬菜的生产基地。咸阳市具有地热资源优势、区位优势和农业发展潜力，为农业地热的大发展提供了广阔的用武之地。如果能利用地热技术深井，建几处有规模的烘干设施，就能帮助农户解决收获旺季的燃眉之急。

5. 地热制冷

利用地热能为冷藏库的冷却装置提供能源，使苹果、弥猴桃等蔬果得到保鲜，其成本十分低廉，经济划算。

地热行医

地热在医疗领域的应用也十分广泛。目前热矿水被视为一种宝贵的资源，世界各国都很珍惜。由于地热水从地下提取到地面，除温度较高外，还含有一些特殊的化学元素，具有一定的医疗效果。如含碳酸的矿泉水可供饮用，能调节胃酸、平衡人体酸碱度；饮用含铁的矿泉水，可治疗缺铁性贫血症；氢泉、硫化氢泉水洗浴可治疗神经衰弱、关节炎、皮肤病等。

由于温泉的医疗作用及伴随温泉出现的特殊地质、地貌景观，使温泉常常成为旅游胜地，吸引大批疗养者和旅游者。在日本，有1500多个温泉疗养院，每年吸引着上亿人到温泉疗养院休养。

我国利用地热治疗疾病历史悠久，含有各种矿物元素的温泉也特别多，因此充分发挥地热的行医作用，发展温泉疗养行业是大有可为的。2011年，我国国土部公布温州、重庆、天津为"中国温泉之都"。

随着与地热利用相关的高新技术的发展，特别是以全球定位系统为基础的高精度资源勘探技术，以新材料、新动力和新型加工为基础的钻井技术的进步，人类能更精确地查明更多的地热资源，钻更深的井将更多的地热从地层深处取出。如农村有温泉资源，可开发的潜力大，应该充分有效地利用。

地热利用中存在的问题及对策

1. 地热利用率低

对此可适当降低供暖排水温度以提高地热能的利用率。降低地热水供暖的尾水排放温度，必须要考虑供暖系统的初始投资，因为降低尾水

第四章 怎样利用新能源

排放温度就要增加散热器的面积。据有关专家分析,散热器的进出口温差每增加5℃,散热器面积就要增加12%,因此,地热供暖尾水排放温度的降低与散热器面积的增加应该达到一种平衡。为充分利用地热水的热能,可对供暖排水再次利用,实现地热资源的梯级综合利用。供暖尾水可用于洗浴、养殖、温室大棚等。在地热能的开发利用中热泵技术是目前世界上的一个热点,近5年来,全世界地热热泵容量以平均每年30%的速度增长。对低温地热或地热供暖尾水,可利用热泵技术提升其热能品位,使地热资源得到充分利用。

2. 结垢和腐蚀

造成地热结垢的物质主要有氧化铁、硫酸钙、碳酸钙和硫酸盐等。水垢的传热性能差,管道结垢后会大大地降低换热器的传热性能,使得地热能利用率下降;另外,结垢使水的流动阻力增加,增大了流体输送的能耗。在地热的直接利用中,防腐也是很大的问题,腐蚀主要由氧、氯等元素引起。为了保证供暖设备的可靠性和使用寿命,可采取适当的措施减少或防止腐蚀:利用非金属材料解决腐蚀问题;从开采到利用采用密闭系统,防止空气(主要是空气中的氧气)进入系统中;对含氯离子的地热水可采用前置换热器,使用间接供暖方式,这样,前置换热器采用耐腐蚀材料而供暖管道和设备可采用普通碳钢。

3. 回灌技术

在地热资源利用过程中,回灌技术是个值得重视的问题。如果只开采利用地热而不回灌,会带来一系列的问题,如以下几点:

(1) 引起地面下沉。这在我国地热开采利用较早的地区已暴露出来。

(2) 影响地下结构的稳定性。

(3) 造成环境污染,地热水的排放一般在40~50℃,不回灌会造成热污染,而且地热水中含的砷、汞、氟等有害元素也会污染环境。

第六节 生物质能的开发利用

沼气

沼气是一种可再生能源，取之不尽，用之不竭。它是由生物能源转换而来的，发酵原料主要来源于人畜粪便和农业废弃物等。

植物在生长过程中，吸收太阳能贮藏在体内。植物死亡后，在微生物的作用下，有机质被发酵分解，产生储藏着巨大能量的沼气。沼气是甲烷、一氧化碳和氮气等的混合气体，具有较高的热值，1立方米沼气约相当于1.2千克煤或0.7千克汽油，可供3吨卡车行驶2.8千米，可供60~100瓦的沼气灯照明6小时。沼气可用作烧饭、点灯，还可以驱动内燃机和发电机。沼气燃烧后的产物是二氧化碳和水，不污染空气，不危害农作物和人体健康，是一种清洁的能源。

20世纪初期，生产沼气就已作为城市污水的处理方法而得到广泛应用。沼气的利用对处理粪便、垃圾有积极作用，可变废为宝，是一项非常有价值的环保技术。开发沼气资源也是解决农村燃料问题的有效途径之一。

使用沼气可以改善农村生态环境卫生，保护山区树木，减少碳排放量。建一个8~10立方米的农村户用沼气池，一年可相应减排二氧化碳1.5吨。在2005年，全国有约有1700多万口农村户用沼气池，年产沼气约65亿立方米，全国每年可减排二氧化碳2165万吨。

沼气不仅可以做饭、点灯，还可以洗浴（用沼气热水器）、取暖、消毒、储粮保鲜、孵化家禽、灭虫和点灯诱蛾，甚至还可以用于发

第四章 怎样利用新能源
DI SI ZHANG ZEN YANG LI YONG XIN NENG YUAN

电,利用它搞副业加工。在广大农村发展沼气非常必要,它是保护山区森林植被、改善生态环境的重要手段,也是荫及子孙、泽及后代的工程。

在农村搞沼气建设,不但可以解决厕所、猪圈、畜禽粪便污染、蚊蝇乱飞等问题,而且还能彻底改善农家的生态环境卫生状况,消灭了传染源,切断了疫病传播渠道,使广大农村人民群众的生活环境逐步改善,从而走上走向洁美、卫生的健康之路。

如果每户建一个8立方米的沼气池,每年可产沼气350~400立方米,节约薪柴相当于0.3公顷薪炭林一年的生长量。如果有70%以上的农户使用沼气,那么封山育林就有了可靠的保证。同时可以将节省的麦秸等用做大牲畜饲料,促进养殖业的发展。

农村常见的发酵原料主要有三种,即全秸秆沼气发酵、秸秆与人畜粪便混合沼气发酵和完全用人畜粪便沼气发酵。各种不同的发酵工艺,投料时原料的搭配比例和补料量不同。

(1)采用全秸秆进行沼气发酵,在投料时可将原料一次性备齐,并采用浓度较高的发酵方法。

(2)采用秸秆与人畜粪便混合发酵,则应该等质量地把秸秆与人畜粪便混合,在发酵进行过程中,多采用人畜粪便的补料方式;

(3)完全采用人畜粪便进行沼气发酵时,在南方农村,最初投料的发酵浓度指原料的干物质重量占发酵料液重的百分比,用公式表示为:浓度=(干物质重量/发酵液重量)×100%(控制在6%左右,在北方可以达到8%),在运行过程中采用间断补料或连续补料的方式进行沼气发酵。

人工制取沼气的方法叫做厌氧发酵,必须在隔绝空气的条件下,利用甲烷细菌使有机物发酵而分解。其工艺流程为:人畜粪便(青草及农业废物)→进料间→厌氧发酵间→出料间→农田。在有条件的地方,可将人粪便和牲畜粪便分两处进料口送进厌氧发酵间。

1. 新型沼气池

（1）曲流布料沼气池

曲流布料沼气池是在"圆、小、浅"圆筒型沼气池的基础上，经过筛选而设计出的具有先进发酵工艺和池型结构的新型沼气池。

特点：

第一，原料进入池内后，经分流板进行半控或全控式布流，充分发挥池容负载能力，池容产气率高。

第二，造价低廉，自身耗能少；操作简单方便，容易推广。

第三，采用连续发酵工艺，发酵过程稳定。

第四，结构合理。池底由进料口向出料口倾斜，池底部最低点在出料口底部，在倾斜池底的作用下，形成流动推力，实现主发酵池进出料自流。

第五，能够利用外力连动搅拌装置或内部气压进行搅拌，防止料液结壳。

适用范围及条件：

曲流布料沼气池适用于经济条件好、原料丰富（日进料量100千克）、耗能大的养殖业发达地区，要求操作人员有一定的文化技术知识，特别适用于能够进行科学管理的科技术户、养殖专业户、或要求建设高档沼气池的农户。

（2）赤泥双面革多功能沼气池

赤泥双面革多功能沼气池是在水压式沼气池、干湿发酵池和半塑式沼气池的基础上，为适应作物秸秆为主要原料的需求而发展起来的一种新型沼气池。

特点：

第一，采用池内、外堆沤，干湿发酵相结合的发酵工艺；

第二，有较高的池容产气率，平均为0.4立方米/（立方米·天）；

第三，结构简单，施工方便，造价成本低。每建一个4.3立方米的

第四章 怎样利用新能源

沼气池,需砖500块,砂350千克,水泥150千克,加上赤泥双面革沼气罩、炉具、管道等配件,总投资为250元。

第四,便于商品化、标准化生产,有利于沼气池建设规范化。

适用范围:

该沼气池主要以作物秸秆为发酵原料,适用于种植业发达地区。

(3) 铁罐沼气池

铁罐沼气池采用干发酵工艺,适用于寒冷地区的新型户用沼气池。

特点:

第一,池容小,进出料方便,节省劳力。

第二,罐体生产工艺简单,维修量小。

第三,启动快,产气量足,一般装料后3~5天后便可产气,平均池容产气率为0.6~0.8立方米/(立方米·天)。

第四,坚固耐用,使用时间长,一般使用寿命可达10年。

第五,商品化销售,生产不受季节限制,容易达到标准化、系列化和规范化的要求。

第六,由于长期处于中温状态,可杀死粪便原料中的虫卵、病菌。

适用范围:

该沼气池适用于北方夏季气温不高、冬夏季温差大的地区。

(4) 两步发酵多功能沼气池

两步发酵多功能沼气池是根据沼气发酵分产酸、产甲烷阶段进行的学说,将沼气发酵原料中的水解产酸和产甲烷分别在不同池内完成的一种沼气池。

特点:

第一,管理和使用方便。常年不需要大出料,在发酵启动阶段需要利用沼渣沼液时,通过循环出料管,用活塞进行人工搅拌和出料。

第二,产气率高。在原料充足、发酵正常的情况下,产气率比常规沼气池高出2倍以上,冬季只要采用适当的保温措施可正常使用,并且产气量越高，搅拌强度越大；而搅拌越强，产气率越高，整个系统处于良性循环。

第三，由于循环出料管和循环管组成的料液自动循环系统，可自动完成搅拌、破壳工作，避免了表面结壳和底层沉淀。

第四，产酸池料温高，沼气池微生物降解秸秆和转化甲烷速度快。

第五，占地面积小，酸化池可根据地形随意布置，或采用顶返水的形式，将酸化池紧靠池顶布局。

适用范围及条件：

适用于种植业、养殖业发达的地区，尤其是种植专业户和养殖专业户等原料丰富的农户。建造该型沼气池，需水泥850~900千克，砂子、石子各2.5立方米，池容为8立方米，壁厚80~100毫米。

(5) 溢流式小型高效户用沼气池

溢流式小型高效户用沼气池是在水压式沼气池的基础上，采用上流式厌氧污泥床和厌氧过滤器等高效发酵装置的新型沼气池。

特点：

第一，管理方便，不需要大换料。

第二，发酵充分，发酵原料流经路径长，克服了水压式沼气池易短路的问题，原料分解充分，利用率十分高。

第三，具有较高的产气率，平均池容产气率为0.4立方米/（立方米·天）。

第四，压力稳定，不仅有利于灯、灶具燃烧，还可解决由于水压池压力变化大，影响沼气微生物的代谢活性问题。

第五，主要部件可工厂化生产，保证建池质量。

适用范围及条件：

该沼气池以粪便为主要发酵原料，适宜于养猪较多（至少3~5头）的农户推广使用。

(6) 塞流式自循环小型沼气池

第四章 怎样利用新能源

塞流式自循环小型沼气池是采用塞流式进料,抽提式出料,池内自动循环的新型沼气池。

特点:

第一,工艺流程合理,价格低廉,池容4立方米,造价260~300元,每立方米成本为65~70元。

第二,产气率高,占地面积小。

第三,采用抽提式出渣器,防止了料液的结壳和沉淀。

第四,实现料液的自动循环,防止池内料液短路,使微生物与新鲜原料充分接触。

适用范围:该型沼气池适用于养殖业发达的南方地区。

(7) 上流式浮罩沼气池

上流式浮罩沼气池以禽畜粪便为发酵原料,从上流式厌氧池底部进料,沼液经厌氧池从上部通过溢流管自溢流入贮粪池;沼渣通过设置在其底部的出料口排入贮粪池,或者回流到料管,起到搅拌并使污泥菌种回流的作用,以保留菌种,并使发酵原料与新鲜料液混合均匀,加快发酵原料的分解。沼气贮存在浮罩内供用户使用。

特点:

第一,构造简单,施工方便,可使用目前已推广的水压式沼气池的模具。

第二,提高了池容产气率和原料的利用率,解决了沼气产气率低、夏冬季产气不均衡的问题。

第三,管理简单,能自动进料,自动溢料,满足农户用肥需要,每年管理用工不超过一个工作日。

第四,解决了出料难的问题,三年之内不需要下池出沉渣,劳动强度低,且安全可靠。

适用范围:该池广泛适用于以人、畜、禽粪便为发酵原料的农村户用沼气池或畜牧场沼气工程,地温在10℃以上均能正常运行,不受地区限制。

(8) 塔式小型高效沼气池

特点：

第一，沼气装置已工厂化生产，用钢丝网水泥制成预制件，可现场组装。

第二，节省材料，建造成本低，可节省建材10%~15%，降低成本13%。

第三，施工方便、适合广大农村使用，标准化、规范化程度高。

第四，产气率高。

第五，出料方便，配有简易提粪器，供搅拌和出料用。

(9) 小型组合折流式沼气池

小型组合折流式沼气池采用了折流式斗墙布水、料液自动循环技术，池体由多个箱体组合而成，可工厂化生产，与普通农用沼气池相比，克服了手工浇注时间长、成本高、制造困难的缺点，它的研制成功使沼气建设由手工制作向工业化、商品化大规模生产转化成为可能，对我国农村的沼气建设起着积极作用。

特点：

第一，耐久性好，取材方便，制造容易，能工厂化生产。

第二，适应性广，施工方便，时间短，占地面积小，池体强度高，沼气池可以整个搬迁。

第三，产气率和原料分解率高，池容产气率在0.4立方米/（立方米·天）。

安装与施工：

第一，土坑开挖必预留足够施工的位置，坑体要保持水平和平整。严格控制标高，安装前必须吊线检查一遍。开挖时不能直劈开挖的应视土质留足坡度。

第二，有地下水应开挖引水坑，安装时加强排水。若地下水位过高

第四章 怎样利用新能源

（或雨季施工），池体安装后，应在下半池中装水或在下半池池体留有排水口，也可在土坑壁钉桩压住下半池，防止定位后地下水位过高将池体浮起。

第三，接缝处应清理基面并打毛，先刷一遍水泥净浆，然后放接头砂浆。接头砂浆比例为1：1。

第四，安装接缝和回填土必须在一天内连续完成，防止中途出现不利天气或地下水的破坏。

第五，安装完毕后即可作第一遍密封施工。密封层采用水泥砂浆和水泥净浆或水泥水玻璃浆。在水泥砂浆密封试压合格后再采用防水涂料密封。

第六，沼气池箱体安装后，在密封处理前做好池坑周围的回填土。回填土必须层层夯实。若泥土太湿、太黏可适当掺砂。

第七，入孔及盖板（活动盖）施工。入孔设为方孔，孔的周围必须按图纸要求加固加厚，孔壁要平直，坡度与盖板一致。入孔盖板设方形反盖，盖板四周成棱台，锥度与入孔坡度一致。

第八，管路安装要求在室外埋地，有一定的坡度，在管路最低点装排水装置，室内要求横平竖直。管材采用PVC硬管和高压聚乙烯半硬管，在接近沼气炉时可以用一小段软管连接。

2. 沼气灶

沼气是一种与天然气较接近的可燃混合气体，它并不是天然气，所以不能用天然气灶来代替沼气灶，更不能用煤气灶和液化气灶改装成沼气灶用，因为各种燃烧气体有自己的特性，例如燃气的成分、含量、压力、着火速度、爆炸极限等都不同。而灶具是根据燃烧气体的特性来设计的所以不能混用，沼气要用沼气灶，才能达到最佳使用效果，并保证使用安全。

沼气灶具种类

目前，我国常见的家用沼气灶具种类有四个：高级不锈钢脉冲及压电点火双灶或单灶、电子点火节能防风灶、人工或电子点火灶。沼气灶按制作材料分有铸铁灶、不锈钢面灶、搪瓷面灶。按使用类别分为户用灶、食堂用中餐灶、取暖用红外线灶。

使用沼气灶注意事项

在购买和使用沼气灶时，一定要注意以下几点：

第一，启用灶具前，一定要检查灶具右侧的铭牌所示燃气种类与所用燃气是否相符。

第二，连接气源应使用专用胶管，长度以1～1.5米为宜，胶管不得触及灶体，不可从灶具底穿过。

第三，灶具的安装与其他物件的边缘距离应不小于15厘米，灶具顶部应有1米以上的空间。

沼气灶应距离墙面15厘米，连接灶具进气管的软管长度应保持沼气输送畅通，输气管路不允许过短或过长、盘卷，不得扭曲，不得90度折扁。沼气灶的安装应严格按照标准的要求执行。

第四，发现室内有沼气泄漏时，不得采用电风扇或抽油烟机等排气，不得操作电器开关，应立即关闭气源，打开门窗，自然疏通室内空气，待沼气排尽后方可使用。千万不能在灶具附近堆放易燃物品。

第五，安装灶具时要将灶具四角的四个橡胶脚稳定好。

第六，使用时要正确安装调控净化器位置，以便观看调控净化器上的压力表，及时掌握灶具的燃烧情况。并尽可能地控制灶具的使用压力，特别不宜过分超压运行，以免火太大跑出锅外，造成浪费。

第七，沼气灶正常工作时，风门（一次空气）要开足，除脱火、回火及个别情况下需要暂时关小风门之外，其余时间均应开足风门，否则会形成扩散燃烧。将铸铁沼气灶具放在灶膛内使用时，锅底至火孔的距离应与原锅底架平面至火孔的距离一致，过高或过低都会影响热能的利用。

第八，灶具与锅底的距离过高过低都不好，应根据灶具的种类和沼

第四章 怎样利用新能源

气压力的大小而定，合适的距离是灶火燃烧时"伸得起腰"，十分有力，火焰紧贴锅底，火力旺带有响声。在使用时可根据上述要求调节适宜的距离，一般灶具距离锅底以 2~4 厘米为宜。

第九，如果需要移动沼气灶时，可以另外配软管，尤其注意保持灶具与墙的距离，以保持软管与硬管连接的适当长度，保证软管不扭曲和折扁，使沼气灶正常使用。

购买沼气灶要点

性能优良的沼气灶一般具备以下条件：

第一，具有一定热负荷。沼气通过灶具燃烧时，单位时间内所释放出的热量称为灶具的热负荷。灶具在燃烧时在沼气压力可变的范围内得到热负荷能基本满足用户的需要。

第二，燃烧完全，热效率高。沼气的热效率在55%以上，烟气中的一氧化碳含量不超过0.1%。有的沼气灶燃烧不完全会产生一氧化碳等有害气体，不仅对人体有害同时也降低了使用热效率。

第三，燃烧稳定。在压力、热值、热负荷可能变化的范围内燃烧稳定。既不脱火也不回火，在燃烧时不发生黄焰现象，且噪声小。

第四，结构简单、价格低廉、使用方便、安全可靠。

第五，生产灶具企业必须有国家技术监督局颁发的生产许可证，必须通过国家有关部门质量管理体系认证，必须经过农业部沼气产品及设备质量监督检验测试中心，检验合格并出具检验报告，必须符合《家用沼气灶》国家标准以及钢板的厚度、光洁度、打火率都要符合国家标准。

我国农村家用水压式沼气池的特点是压力波动大，早晨压力高，中午或晚上由于用气后压力会下降。当灶前压力与炊具设计压力相近时燃烧效果好，而当沼气池压力较高时，灶前压力也同时增高而大于灶具的设计压力。热负荷虽然增加了，但热效率却降低了，所以在沼气压力较高时要调节灶前开关的开启度，将开关关小一点控制灶前压力，从而保证灶具有较高的热效率,以达到节气的目的。

沼气灶使用步骤

使用沼气灶时,具体的操作步骤是:

第一,将打火旋钮置"OFF"位置,然后开启气源。

第二,压下打火旋钮并向"ON"方向旋转,发出"啪"的声音后即可自动点燃火焰,当确认点燃火之后再放手。

第三,初次使用时,由于进气管中存有空气而点不着,须重复以上点火动作,等空气排出后即可点燃。或者检查一下输气管是否折叠或堵塞使沼气过不来。总之尽量使输气管伸直,使用沼气灶的房间通风要好。

第四,火力调节,按旋钮所示标志缓慢旋转即可随意调节火力大小。

第五,空气调节,左右拨动灶具底部的风门调节空气量使火焰稳定、清晰。

第六,熄火,将打火旋钮顺时针转至"OFF"位置便能自动熄火。

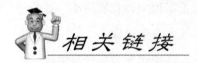

沼气灶使用时的故障及应对措施

沼气灶开关转不动

有时候沼气灶开关转不动,这可能是由于栓帽压得太紧或者缺少润滑剂造成的,这时需要扭松栓帽或加点润滑油即可。沼气灶打火不灵或着火率低应根据不同情况分别处理:

(1)如果是脉冲点火电源不足,应更换新电池。

(2)如果是沼气输气不顺畅,输气管扭折、压扁、堵塞,应矫正或更换沼气输气管。

第四章 怎样利用新能源

（3）如果是电极针距离不合适，应将电极针与支架距离调至3～4毫米。

（4）如果是引火喷嘴堵塞，用细针通引火喷嘴。

（5）如果是挡焰板与点火喷嘴轴线倾斜角不对，应用尖嘴钳调整挡焰板与点火喷嘴轴线。

有火花却点不着火

有时，沼气灶有火花却点不着火，这时应根据不同情况做如下处理：

（1）沼气管通路堵塞需检查通路，去除堵塞物，可用打气筒吹通沼气导管等。

（2）沼气纯度或浓度不够．需待沼气纯度适宜时再使用。

（3）配风不适，需及时调整灶具风门，使沼气与空气混合气适宜。

（4）针尖与出气孔金属触点距离或角度不适，需适度调整针尖与金属触点距离或触角。

（5）总开关后面输气管路过长，需要去掉过长的部分。

（6）管路严重漏气时，需要检查维修更换管线，以防发生火灾。

火焰异常

使用过程中，火焰可能会出现异常，比如火焰过猛，这时可根据不同情况，分别进行调节。

（1）火焰不规则时，应重新放好炉盖。

（2）火焰短小无力时，应该检查沼气管路有无偏压，检查喷嘴是不是有堵塞。

（3）火焰短容易吹脱，应将风门调小。

（4）火焰长而无力、发黄时，应将风门调大使火焰呈蓝色。

（5）火焰不均匀有波动时，将灶具翻过来取下燃烧头背面的钉，燃烧头即可拿下来清除燃烧头腔内和引射器管内的杂质。

（6）沼气灶火焰过猛、燃烧声音太大，这是因为进入的空气过多或者灶前沼气压力太大引起的。这时只需关小调风板或灶前开关即可。

(7) 沼气灶部分燃烧或半边燃烧时，可能是发生了以下情况：

第一，有部分孔被堵塞，需要清除堵塞物。

第二，配风不适，需要调整风门。

第三，气压过高，需要适度控制沼气进入灶具的气压。

(8) 沼气灶着火不旺时，可能是以下原因：

第一，灶面离锅底太近或太远。

第二，沼气中甲烷含量少、杂气多。

第三，灶具设计不合理、质量不好。如灶具在燃烧时带入空气不够，沼气与空气混合不好不能充分燃烧。

第四，输气管道太细、太长或管道堵塞导致沼气流量过小。

第五，沼气池产气率不高，压力不足。

第六，沼气灶内没有废气排出孔，二氧化碳和水蒸气排放不畅。

(9) 沼气燃烧时灶盘边有"火焰云"，但看不到火焰，应作如下处理：

第一，如果灶面离锅底太近，就要摆放好沼气灶架。

第二，如果沼气灶的火孔大而密，就要注意选择火孔合适的灶具。

第三，如果灶中空气不足，就要控制好锅底与灶面的距离。

(10) 灶火焰脱离燃烧器，其原因可能是以下几个方面：

第一，喷嘴堵塞，可清除喷嘴里的障碍物。

第二，沼气灶前压力太低，空气比例过大，可提高灶前压力关小调风板。

第三，沼气中甲烷含量减少，热值降低，需要调节沼气发酵液的酸碱度，在沼气池里添加新原料，提高沼气中的甲烷含量。

(11) 沼气灶火苗大小不均或有波动，其原因可能是燃烧器堵塞或者燃烧器放偏了，或喷嘴没有对正；在输气管道或灶具里面积存了冷凝水。处理方法是：

第四章 怎样利用新能源

第一，清除燃烧器的障碍物，修整燃烧器。

第二，打开排冷凝水的开关，排除输气管道内的冷凝水。将灶具翻转过来倒出里面的积水。

（12）沼气灶使用一段时间后常会发生燃烧器回火现象，这是由于分火器杂质太多致使气流不通引起的，此时须立即关闭灶具清洁火盖上的杂质。

（13）有些时候，调风板开得很小，长火会从四周蹿上来，其实这样并不是最旺的火。这种火的温度很低，还会产生一氧化碳，对人体有害。

沼气在燃烧的时候需要6~7倍的空气。沼气的热值会随着沼气池里的加料种类、加料时间、池内的温度不同而变化，调风板就是为了适应这种不断变化的状况而设计的。根据沼气成分和压力变化情况，使用调风板调节风量的大小可以使沼气完全燃烧，从而获得比较高的热效率。如果调风板开得太大、空气过多。火焰根部容易离开火孔这会降低火焰的温度，同时，过多烟气又会带走一部分热量，因此热效率就会下降。

3. 沼气灯

家用沼气灯主要由燃烧器、玻璃罩、反光罩等部件组成，燃烧器又包括喷嘴、引射器、泥头和纱罩等。

沼气灯是通过燃烧沼气所产生的高温，使纱罩上的氧化钍激发出白光，相当于40~60瓦的电灯泡发出的亮度。

沼气灯的功能有：

①可供家庭照明；

②给温室大棚的蔬菜二氧化碳施肥；

③养鸡场用沼气灯增温，育雏鸡、养蛋鸡、孵小鸡；

④沼气灯诱虫养鱼、养鸡、养鸭。

以吊式灯为例，性能优良的沼气灯具应具备如下一些条件：

第一，宜采用直管进气旋转供氧、分层隔热防风圈防风。

第二，设计上必须合理美观大方、经久耐用，拆卸、维修、调节、使用时方法便于掌握，亮度强、光线稳定清晰、耗气量小、适应温度低，在室外能经受住3级风力。

第三，沼气灯具不仅能供室内照明而且能用于田间及鱼塘点灯诱蛾等。

第四，使用灯具时增氧孔调整及搪瓷灯盘旋转要自如。

第五，在沼气池正常供气的情况下，灯具能调到不见明火只见白光亮度最佳为宜。

安装沼气灯时要注意：

第一，沼气灯输气入口的输气管不应弯曲或盘卷，开关应安装在沼气灯前。

第二，沼气灯点火器的点火线应走在反光罩侧面，不要盘卷在灯的散热罩上。

不同型号的沼气灯亮度不同，使用时应选择符合国家标准的灯具，纱罩的亮度好并配有玻璃灯罩。使用纱罩时须扎正，防止烧偏，第一次使用时，沼气量要充足，将纱罩烧成灰白色并成圆形，这样才能保持好的亮度。使用沼气灯时，应先点火、后给气，由小到大逐渐调节，防止因气量大使火冲破纱罩。

一般情况下调节风门后，沼气灯能够正常起晖，纱罩上不会出现明火，灯的照度正常。风门调节不起作用时应关闭沼气，查看沼气灯喷嘴与引射器的位置是否正确，喷嘴不应占风门的位置，一定要把风门空出来再调节风门位置，直到纱罩燃烧状况正常20秒内起晖为止。

4. 沼气饭锅

沼气饭锅以沼气作为燃料，保持了传统明火煮饭的优点，令饭质达到最佳状态，饭味甘香可口，饭熟能自动关闭主燃气门，并继续驱动保

第四章　怎样利用新能源
DI SI ZHANG ZEN YANG LI YONG XIN NENG YUAN

温系统，是电饭锅无法比拟的。

沼气饭锅还可以用来炖焖、煲汤、煲粥、蒸馒头等。不仅具有安全方面款式新颖、式样美观、功能全面、操作简便、省时省气、节能等优点，而且饭熟后能自动熄火，自动保温，不会煮夹生饭。

沼气饭锅使用方法

第一，使用质优的沼气。

第二，饭锅应放置于平稳通风之处并离墙 10 厘米以上，勿靠近其他易燃易爆物品。饭锅在有空调设备的室内使用时，必须具备良好的排气装置。

第三，安装时必须使用直径 9.5 毫米的沼气软管，将软管插放饭锅的燃气入口接头并用管夹夹牢固，避免漏气。漏气的一般障原因是胶管未接好、胶管有裂口，遇到这种情况，我们可选择重新接好或更换胶管。切勿使用有损伤痕迹的胶管或其他非燃气使用的胶管。安装沼气软管时，切勿让胶管穿过底壳或接触锅壁。如果发现漏气等不正常现象要立即关闭气源，检修好后才能使用。

第四，饭锅在启用前，于底座的电池盒内安装一节 5 号电池，安装时要注意正负极方向。如果发现电脉冲点火器电极发出的声音断续微弱而点不着火时，必须更换新的电池。长期不使用时，必须将饭锅电池取出。

第五，洗米加足水后，把内锅的外表面水滴擦干，以免损坏锅体内部线路。

第六，煮饭前必须将煮饭、保温按键提至上端的位置，然后打开燃气开关。正在使用时，不要随意搬迁移动饭锅。

第七，轻缓地按下煮饭、保温按键，电脉冲点火器电极即发出 3～5 秒的连续打火声，火即自动点燃。

倘使点不着火，有可能是忘记打开气源总开关、或者胶管折曲或压扁、胶管中混入空气、阀体或点火喷嘴堵塞、点火电极过脏、没有装干电池或干电池用旧等。这时应该重新检查气源,看总开关是否打开、拉直或更换胶管、反复点火排尽胶管内的空气,或者用直径0.1~0.3毫米的钢丝轻捅几下、点火喷嘴用柔软干布清洁、点火电极装上一节新的5号电池。

第八,点火时必须在观察窗观看,确认主燃烧器已正常燃烧后才能离开。火焰燃烧不正常时,多半是气源压力不足或过量、喷嘴或燃烧器火孔堵塞等情况,应该检查压力表、清除堵塞物。

第九,饭熟后煮饭按键自动跳起,主燃烧器关闭进入保温状态。保温功能丧失的原因是进入保温燃烧器的通路堵塞,需清除通路堵塞物。沼气饭煲在饭未熟而过早跳闸的原因是感应器失灵,需更换感应器。

5. 沼气热水器

沼气热水器是在现有热水器的基础上改装而成的。在热水器的进气处装一个稳压器,该稳压器通过调压螺钉的轴向移位调节弹簧对弹子的压力,达到调节沼气进气压力的目的,通过压力表的显示,保证沼气压力符合热水器对气压的设计要求,从而解决了热水器以沼气为气源时压力不稳的问题。

使用沼气热水器应注意:

第一,将两节1号干电池按正确极性装入电池盒中。

第二,打开通向热水器的沼气开关(阀门)和进水开关(阀门)。

第三,打开热水开关,热水器会自动点火。新安装的热水器因管路里有空气,有可能一次点不着,可以间歇重复几次,待空气排出后便可点燃。

第四,如因水压不够导致热水器点不着时,需安装小型水泵或建高位水箱。局部地区水压过大(水量调不小)出现水不熟时,应关小进水开关(阀门)。

第五,调节水气两旋钮,达到所需的水温。

第六,自装混水阀的用户不宜将冷水开得太大,避免分流后影响热

第四章 怎样利用新能源

水器的正常工作。

第七，使用热水器时，若中途停用，只需关闭出热水阀门或进水阀门，水流停止后热水器会自动熄火。

第八，使用完毕后，关闭热水器的进水阀门和沼气阀门。

第九，热水器附近不可放置易燃、易爆、有腐蚀性物品，要经常进行安全检查。

第十，用沼气热水器时，要经常不断地用肥皂水涂在管路的连接处，检查是否有沼气泄漏。使用中发现异常应随时关火检查。如果发现漏气，应立即关闭气源打开门窗通风，禁止使用一切火源及电器开关以免引起事故，排除故障后才能继续使用。

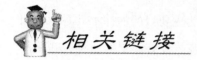

相关链接

安全使用沼气要点

1. 沼气灶要安放在专用灶台上使用，不要在书柜上、床头煮饭、烧水。

2. 沼气灯具不能靠近柴草、衣服、蚊帐、汽油、柴油等易燃物品，特别是草屋灯具与屋顶至少应保持1米的距离。

3. 沼气阀门应安装在安全的位置，稍高一点，防止小孩乱开，用气后要及时关阀门防止沼气在室内扩散，如忘记关闭阀门造成沼气充满居室可能会引起火灾。

4. 使用沼气的厨房要保持空气流通，如进入室内闻有臭鸡蛋味（沼气中的硫化氢气味）应立即打开门窗排除沼气，这时绝不能在室内点火、吸烟以免发生火灾。

5. 经常检查是否漏气。当采用正确的发酵、管理方法而沼气池的产气量明显下降或用气效果不好时，应认真检查沼气池是否漏气，导气管和池盖连接处、输气管和开关是否漏气，发现问题要及时修补或更换。

6. 在使用沼气时不慎发生火灾的情况下，要先截断气源使沼气不再输入室内，同时迅速组织力量灭火。若一户发生火灾时，邻居要迅速停止用气，以免火灾蔓延。

此外，沼气纱罩有二氧化碳毒物，因损坏而换下的旧纱罩要深埋，如手上沾到灰粉要及时洗净，注意不要弄到眼睛里或沾到食物上，以免中毒。

薪炭林

薪炭林是指以生产薪炭材和提供燃料为主要目的的林木（乔木林和灌木林）。薪炭林是一种见效快的再生能源，没有固定的树种，几乎所有树木均可作燃料。通常多选择耐干旱瘠薄、适应性广、萌芽力强、生长快、再生能力强、耐樵采、燃值高的树种进行营造和培育经营，一般以硬材阔叶为主，大多实行矮林作业。

薪炭林树种具有生长快，适应性和抗逆性强，热能高，易点燃，无恶臭，不释放有毒气体，不易爆裂等特点。由于它大多栽在比较贫瘠的立地上，且轮伐期短，对地力消耗较大，因此树种还有改良土壤的作用。我国北部和西北部的刺槐、沙棘、沙枣，南方的铁刀木、银合欢、相思树、木麻黄，西南地区的桤木等都适宜营造薪炭林。

从1981年我国开始有计划地开展薪炭林建设以来，到1995年，我国累计营造薪炭林494.8万公顷，其中"六五"完成205万公顷，"七五"完成186.3万公顷，"八五"完成103.5万公顷。根据这些年全国造林成效调查，薪炭林成林面积和单位面积年生物量测算，薪炭林年增加薪材量2000万~2500万吨，这些对缓解农村能源短缺起到了重要作用。

第四章 怎样利用新能源
DI SI ZHANG ZEN YANG LI YONG XIN NENG YUAN

生物质气化

生物质气化是指通过化学方法将固体的生物质能转化为气体燃料。由于气体燃料具有高效、清洁、方便等优点，生物质气化技术的研究和利用得到了国内外广泛重视，并取得了可喜的进展。在我国，将农林固体废弃物转化为可燃气的技术也已初见成效，主要应用于集中供气、供热和发电等方面。

从20世纪80年代开始，中国林科院林产化学工业研究所，研究开发了集中供热、供气的上吸式气化炉，并先后在黑龙江、福建等省得到工业化应用，气化炉的最大生产能力达 6.3×10^6 千焦/小时。建成了用枝桠材削片处理，气化制取民用煤气，供居民使用的气化系统。山东省能源研究所研究开发了下吸式气化炉，主要用于秸秆等农业废弃物的气化，在农村居民集中居住地区得到较好的推广应用，并已形成产业化规模，到1998年，已建成秸秆气化集中供气站164处，供气4572万立方米，用户7700户。江苏省最近又研究开发以稻草、麦草为原料，应用内循环流化床气化系统，产生接近中热值的煤气，供乡镇居民使用的集中供气系统，气体热值约8000千焦/立方米，气化热效率达70％以上。广州能源所开发的以木屑和木粉为原料，应用外循环流化床气化技术，制取木煤气作为干燥用热源和发电，并已完成发电能力为180千瓦的气化发电系统。此外，北京农机院、辽宁能源所、大连环科院、浙江大学等单位也先后开展了生物质气化技术的研究开发工作。

生物质固化及其他

具有一定粒度的生物质原料，在一定的压力作用下（加热或不加热），可以制成棒状、粒状、块状等各种成型燃料。原料经挤压成型后，密度可达1.1～1.4吨/立方米，能量密度与中质煤差不多，燃烧特性明显改善，火力持久，黑烟少，炉膛温度高，而且便于运输和贮存。

用于生物质固化成型的设备主要有螺旋挤压式、活塞冲压式和环模滚压式等几种。目前，我国生产的生物质成型机一般为螺旋挤压式，生产能力多在100~200千克/小时之间，电机功率7.5~18千瓦，电加热功率2~4千瓦，生产的成型燃料为棒状，直径50~70毫米，产品电耗70~120千瓦时/吨。曲柄活塞冲压机通常不用电加热，成型物密度稍低，容易松散。

用环模滚压成型方式生产的为颗粒燃料，长度12~30毫米，直径5~12毫米，也不用电加热。物料水分可放宽至22%，产量可达4吨/小时，产品电耗约为40千瓦时/吨，原料粒径要求小于1毫米；该机型主要用于大型木材加工厂木屑加工或造纸厂秸秆碎屑的加工，粒状成型燃料主要用作锅炉燃料。

利用生物质炭化炉可以将成型生物质块进一步炭化，生产生物炭。由于在隔绝空气条件下，生物质被高温分解，生成燃气、炭和焦油，其中的燃气和焦油又从炭化炉释放出去，所以最后得到的生物炭燃烧效果显著提高，烟气中的污染物含量明显降低，是一种高品位的民用燃料。此外，其中优质的生物炭甚至可以用于冶金工业。

第五章　我国新农村建设典范

第一节　苏州市旺山村

2011年,苏州市吴中区越溪街道旺山村入选"2011中国人居环境范例奖"。不久,旺山村再爆喜讯——成功上榜第三批全国文明城市(区)、文明村镇、文明单位。一个月内两获"国字号"大奖,短短五年间,先后斩获了"全国农业旅游示范点"、"全国创建文明村工作先进村"、"全国特色景观旅游名村"和"全国生态文明村"、"国家4A级旅游景区"等荣誉,旺山村成为我国新农村发展的一个典型。旺山村的第一次亮相,就引来了众多专家的关注。不是千篇一律、大拆大建,打破"夹皮沟"、"军营式"和"火柴盒"的建筑模式,旺山村究竟是怎么做到的呢?

保留了极具江南特色的田野风光

当地人把旺山村的发展经验形象地称为"植树",即在原有的土地

第五章 我国新农村建设典范
DI WU ZHANG WO GUO XIN NONG CUN JIAN SHE DIAN FAN

上用少量投入植入一株"乡村经济之树",并创造一切适合的条件让其在自然、原生的土地上吸取营养,不断壮大,直至根深叶茂,硕果压枝。这种开发模式充分考虑到当地的自然生态环境和长期形成的劳作习惯,不搞大规模投入,不搞"改天换地"式的开发建设,而是有效利用现有资源、合理规划、因势利导、适度开发、循序渐进,走"生态农业"和"观光农业"相结合的道路,通过几年的发展,经营的道路宽了,村庄的面貌变了,农民的钱包鼓了,成了苏州新农村建设的生态自然型示范村。

村前村后,绕村的山上,都是郁郁葱葱的树林。村中的房屋都是粉墙黛瓦,让人有好似置身如诗如画的桃花源里一般。从旺山村的秀美景色里,中国人民大学环境学院教授张象枢得到的是有关新农村建设的思考,他说:"这个地方,我感到最突出的还是因地制宜。过去这里就有农户住,实际上生活条件非常差,现在把一部分人搬走,剩下的重新规划,挺漂亮的。"他还说,在这里,人们看到了极具江南特色的田园风光。

这里的540户人家沿着潺潺而下的山涧自然散落,粉墙黛瓦,小桥流水，绿树掩映，四周青山环抱……江南水乡田园风光尽收眼底。苏州旺山在全国率先进行了大胆的尝试，走出了乡村旅游转型升级的第一步，他们打破了传统意义上单一的农家乐模式，成功地塑造了中国村落新生的求道者和中国乡村旅游的示范者。

苏州科技学院影视与传媒学院教授万华明第一次"误闯"旺山村便给他留下了深刻的印象。与一般偏僻的山里人家都盼着"飞"出山沟沟不同，这里的原住居民个个都深爱着故乡，不仅自己经营着生意，更自觉自愿地把外面的资源引进来，让外面的人加入到这个最美山村的创建过程里。

村落留下的不仅仅是粉墙黛瓦

从一个经济落后的穷乡僻壤一跃成为国家4A级旅游景区，并荣登"中国人居环境范例奖"之列，旺山村的转变只用了五年时间，这其中苏州香山工坊功不可没。

最早进入这一项目的苏州香山工坊营造（集团）股份有限公司可谓是创意人之一。用最小的代价、最低碳的理念打造最有江南特色的风格，便是旺山的成功之处。参与修复古城墙和干将路等项目的总经理张志群说，传统上大家都认为香山工艺只是一种技艺，却不知道这个技艺背后的精髓则是一种天人合一的"和合"之道。

2005年初，香山工坊营造集团相中这一风水宝地后，其下属子公司苏州东方景深策划公司成为设计者。最初策划公司拿出了一套整治方案。然而纯朴的农民却只愿意相信自己看得到的。看不到白花花的银子进来，旺山村的农民们轻易不敢"下水"。面对这一情况怎么办？苏州香山工坊董事长冯晓东说，凭着对这个项目的直觉，他们认为只有自己先做出成功的"样板"来，才能谈后面的事情。于是旺山村的耕岛便成了率先启动的一个案例。耕岛内的建筑"指月坞"是一个香山帮建

第五章 我国新农村建设典范

筑的杰作，木结构的建筑内部尽显时尚流行元素，然而其周边的河旁则留下了农家菜地以及留着农村人家生活痕迹的河埠头，鸡犬相闻。一走进这个院子，不一定非要看粉墙黛瓦，四周的氛围就突显了江南田野的气息。"指月坞"的率先亮相，让旺山村之外的城里人在钢筋水泥之外找到了一块新大陆。很快这里就变得车水马龙。旺山村的村民看到了希望。随后旺山村成立股份合作社，村民每户拿出3万~5万元进行改造，改造的过程中出大力的仍是苏州的"香山匠人"，既不是单纯地粉饰外墙，更不是推倒重建，而是做出江南特色乡村的"神"来。整个村落既没有大拆大建，也没有伤筋动骨，花最小的力气，取得了最好的效果。

古老中国的土地上，由于世代人的栖居、耕作，留存了丰富的乡土建筑，像客家的土楼、云南的吊脚楼、徽派建筑的民居等；还有像一条小溪、一汪水池、一座大山、一片森林，都是一家、一族、一村人的财富和精神寄托，它们尽管不像官方的、皇家的历史遗产那样宏伟壮丽，也没有得到政府的保护，但这些乡土的、民间的建筑与遗产景观，与他们祖先和先贤的灵魂一起，恰恰是构成中华民族草根信仰的基础。这些具有浓郁乡土气息的建筑和风格，在农村住宅建设时，都应合理保护和充分借鉴。只有如此，才能形成建筑与景观的协调，形成风格各异的农村住宅建筑。

如今前来取经者大有人在，特别是土地资源日益稀缺、动迁难度增大的背景下，越来越多的地方看中了这样的村庄改造模式。

香山帮工艺的活性保护

事实上，旺山村更是香山帮工艺的一个活体保护样本。

一方水土养一方人。香山帮根植于吴文化的土壤中，深深地打上了吴地印记。实际上，香山帮就是苏州乃至苏南地区古建筑的代名词，被誉为"香山匠人一斧头"的香山帮，个个身有绝技，留下了许多建筑经典和传奇故事，赢得了"虽由人作，宛如天开"、"江南木工巧匠皆出于香山"的美誉。香山帮匠人的有名和当地的地理环境及条件有关，香山本身北靠穹窿山，南邻太湖，地少人多，经过多年的变迁后慢慢就形成了自己独特的建筑风格。香山帮是迄今为止在传统营造技艺方面保存得比较完整，类型也比较丰富的非物质文化遗产。

然而苏州"香山帮"虽已传承了几百年，但目前也面临着后继乏人的窘境。从传授者角度看，许多"香山帮"的老匠人如今都散落在民间，想要找回他们为年轻一代传授技艺，其实是很困难的。从传承者角度看，在一片钢筋水泥浇筑的城市森林中，很少有现代年轻人愿意从事古老的木结构营造工艺事业，这令"香山帮"面临着失传的危险。

旺山村留住了苏州特有的建筑形态。非特质文化遗产的保护需要一个平台，并且只能通过自身运作产生效益后，整个行业才能获得长远的发展。作为这一非物质文化遗产保护与传承的有形物质载体，苏州市在

第五章 我国新农村建设典范

吴中区胥口建立了全面反映香山帮建筑特色的"香山工坊","香山工坊"的管理者也与相关的古建筑科研单位和学术机构展开积极合作,使得"香山帮传统建筑营造技艺"这一非物质文化项目获得了有力的支持和保护,这种以物质的载体来保护非物质文化遗产的做法也是一种实践和创新,可以给其他传统手工艺技能类非物质文化遗产的保护提供一定的借鉴。

旺山村的成功,也为香山帮技艺带来了源源不断的商机:南京老城南历史文化街区便抛来"橄榄枝"——初步的设计方案中将打造"江南72坊",而作为其中的一坊,"香山工坊"则受邀递交了设计方案。

我国幅员辽阔,因地理区域不同,建筑风格也应多种多样。因此,在新农村住宅建设中,并不是越豪华越好,也不是动辄就高楼大厦别墅成群,而是要因地制宜地发展,既要保持多姿多彩的建筑风格,又要充分体现生态观。

第二节 河南新乡白马峪村

未来的生态农业掌握在谁的手里？河南大北农集团给出一个很好的答案。

大北农集团位于河南新乡市辉县太行山脚下的黄水乡白马峪村。为了使昔日荒地变身今日良园，提高农民收入，改变农村养殖污染环境的粗放状态，大北农人租赁了700亩土地（其中300多亩为卵石滩，300多亩为贫瘠土地），进行了系统的整理规划。

首先，利用该土地建一座标准集约化、存栏2万头大型生猪繁育基地，以及养鸡、养牛等。

其次，发展绿色种植业：利用数百亩改造过的荒滩地，进行果树栽培、林业种植。

再次，发展种养结合的环保农业。建设一个大型畜禽粪水环保处理工程，将养殖粪水经过无公害处理后，返归于园内种植业，实现养殖粪水再利用。在发展种植的同时，避免使用无机肥料带来的污染，真正打造绿色有机农产品，建成种养结合的生态循环农业经济样板工程。

大北农集团投入3000余万元进行了初步改造，养殖场建设第一期工程已经完工。建成了大型沼气工程，建设了一个肉奶牛基地，散养草鸡2万余只。将100亩卵石滩荒地翻耕筛选，全部改造成良

第五章 我国新农村建设典范

地,大力发展种植业。

西侧黄水河畔利用改造过的土地修建了800米长的防护林带。已投资300余万元,对黄河防洪大堤进行加固,在2010~2011年辉县黄水河洪水泛滥之际,保障了核桃园及周围村庄的安全。此外,还修建了道路、粮食晾晒场地、蓄水池、无公害餐厅等基础设施。

几年后,这里的荒滩地上建起了现代化的养殖场,长起了一棵棵果树。昔日的荒滩成了集养殖、种植、环保工程等于一体的生态园地。

发展种植、养殖和环保工程三位一体的生态畜牧业,对于农业企业来讲,具有很大的挑战性,因投入大、周期较长,一般农业企业难以实现。但是,一旦成功实施,必将成为一种特色农业,对于农业结构调整具有变革性的意义,是一项造福当代、泽福后人的民生工程,这种模式非常适合河南省情特点,是新农村建设的典范标杆工程,成功后,具有很强的可复制性、带动性。大北农人对此充满了信心。因此,为了加快新农村建设步伐,打造具有地方特色的新型生态农业,大北农人勇挑重担、勇闯新路,凭借多年积累的技术和人才优势,大力发展生态农业,为河南省打造一个高效生态农业的示范样板工程,带动地方经济发展,从而发展有机农业、环保生态农业。带动农村建设生态型养殖小区,启动广大农村养殖、种植业,并大力发展农村沼气工程,真正实现村企结合模式的生态农业循环经济,成为一个高效生态农业的示范工程。

在务实创新的大北农人的带领和建设下,白马峪村旧貌换新颜,成为新农村建设的典范。

第三节　天津市生态村

20世纪90年代以来，可持续发展成为世界发展的主流。1992年，联合国在巴西里约热内卢召开了环境与发展大会，会上通过了一系列文件，确立了世界可持续发展战略。1994年我国国务院通过《中国21世纪议程》，标志着我国可持续发展战略的确立。

可持续发展的主要目标可概括为以下三点：

第一，确保全球食物安全，消除饥饿；第二，发展农村经济，增加农民收入，消除贫困；第三，保护和改善资源环境，实现资源可持续利用。

我国农村农业的发展正面临一系列严重问题：资源短缺（包括人均耕地少）；农村经济不发达，农民平均收入低；农业综合生产力低，抗灾能力差；农业经济结构不合理，农业投入效率低，农业环境污染日益严重……

在这种严峻形式下，我国开始探索生态农业发展道路。经过十几年的摸索和建设，取得了显著成效。据调查，各地开展生态农业建设后，粮食总产增幅均在15%以上，亩产较试点建设前增长10%，分别为全国平均增长水平的4.5倍和9.2倍。同时农业生态环境明显改善，农民收入均大幅度提高，引起了有关国际组织的关注，其中已有7个生态村（场）被授予"全球环保500佳"称号。

实践证明，生态农业是具有中国特色的农业可持续发展模式，我国政府高度重视生态农业发展，并纳入国家建设发展计划。生态农业是农业发展的根本，我国政府把发展生态农业正式列入国家"九五计划和2010年远景目标纲要"、"中国环境与发展十大对策"之一和"中国21世纪议程"之中。发展生态农业不仅是我国跨世纪的重大工程，而且是

第五章 我国新农村建设典范
DI WU ZHANG WO GUO XIN NONG CUN JIAN SHE DIAN FAN

今后世世代代要坚持发展的宏图伟业。

生态村的建设是生态农业建设的一个层次，侧重于实际生产的模式与内容，例如生态工程建设（种植工程、养殖工程、物质能量合理循环转化工程）。在我国，生态村是在行政村的范围内，运用农业生态工程原理与技术，适时调整生产结构，充分合理利用当地的资源，保护农业生态环境，经济、社会和生态效益协调发展的村级生态经济系统。

1995年，天津市开始建设生态村，目前已建成市级生态村7个，两局级生态村11个，总面积达6627.4公顷，1998年新增面积2904.4公顷，遍布全市除滨海新区以外的所有区县（详见下表）。

表　天津市生态村一览表

序号	村　名	级别	批准年份	所属区县	类　型
01	传字营	市级	1995	津南区	全方位发展
02	大柳滩	市级	1995	西青区	能源建设
03	石辛庄	市级	1996	宝坻县	综合种植
04	西双塘	市级	1996	静海县	以工补农
05	原种猪场	市级	1997	宁河县	综合养殖
06	水高庄	市级	1997	西青区	城郊结合
07	西大峪村	市级	1998	蓟县	小流域治理
08	青光村	局级	1996	北辰区	农林果结合
09	何各庄	局级	1997	宝坻县	生态建设
10	姚白庄	局级	1997	蓟县	农林果
11	张辛庄	局级	1997	武清县	高新技术
12	帐房	局级	1997	宝坻县	综合治理
13	北王庄村	局级	1998	宝坻县	农牧工结合
14	后西苑村	局级	1998	宝坻县	农牧结合
15	北清沟村	局级	1998	宝坻县	生态治理
16	芦前村	局级	1998	汉沽区	农牧鱼结合
17	南陈壮	局级	1998	武清县	农牧结合
18	东双糖村	局级	1998	静海县	农业产业化

生态村建设的组织

根据天津市的实际情况，天津市农委、环保局和农林局联合制订天津市评选建设生态村的标准，标准共包括六个方面的内容：经济发达、结构合理；生态环境、质量良好；控制污染、改善环境；保护资源、永续利用；村镇规划合理，村容村貌整洁；精神文明。

天津市政府十分重视生态村创建活动，自1995年起，一直把生态村建设当作改善农村人民生活的十件实事。每年年初由市环保局和市农林局联合向各区县环保局和农林局发文，要求各区县严格按照评选标准推荐符合条件的农业行政村、场。

各区县环保局、农林局根据各区县的实际情况，积极响应，调查分析后，总结材料，积极地申报。每年市环保局、市农林局接受到申报材料超过20份。

市环保局、农林局接到材料后，认真审阅，挑选条件优秀的村场，组织专家、领导到现场实地考察，每年确定一至两个市级生态村，报政府命名批准。

为进一步扩大生态示范村的影响，市环保局、农林局研究决定加大创建生态村的力度，在完成创建市级生态村的基础上，增加创建由市环保局、农林局命名的生态村。为此，天津市环保局和农林局于1996年7月举办生态村建设培训班暨创建生态村工作会议，各区县环保、农林部门的负责同志和典型生态村的代表参加了培训班，会后还到"全球500佳"之一的留民营生态村参观学习，与会全体人员受到很好的生态教育。自1996年起天津市又创建7个两局级生态村，目前两局级生态村已遍布全市除滨海新区以外的所有区县，极大地推动了生态村的蓬勃发展。

生态村建设的作用

1. 普及生态意识

可持续发展是当今世界发展的主流，生态农业是可持续发展的模式之一。但是，这一点只有广大科技工作者和领导干部认识到了，但直接从事农业活动的广大农民还并没有认识到。农业、农村的可持续发展需要农民的参与，农民有了生态农业意识，生态农业建设才能真正落到实处，才能更加深入的发展。

天津市通过生态村建设，树起生态村（场）牌，让农民首先了解"生态"二字，再通过普及生态意识，从而引导群众保护环境，克服短期行为，不断协调人与自然的关系，为农村、农业的可持续发展打下良好的基础。

第五章 我国新农村建设典范
DI WU ZHANG WO GUO XIN NONG CUN JIAN SHE DIAN FAN

2. 总结生态模式

天津市各区县申报的村场都是经济发达、生态建设良好的村场。如宁河原种猪场的综合养殖模式，引种水葫芦形成加环食物链，粪水灌溉；大柳滩村的风能发电、利用地热；东双糖村的种养加一条龙，等等。通过建设生态村，总结这些生态模式，为以后进行生态村建设积累了宝贵财富。现在已总结了十余种生态发展模式。

3. 指导生态农业建设

农村长期囿于小农经济的习惯，建设发展缺乏规划，对生态建设更无经验可谈。天津市环保局、农林局聘请专家到生态村现场考察，指出目前建设中存在的问题，引进先进技术，并与村、场一起共同制定发展规划，形成较好的生态发展与建设模式，解决农村的实际需要，使农村的发展具有目标性、科学性。

生态村的技术特征

1. 社会经济结构内部产业多样化

生态村建设发展逐渐形成了种植业、养殖业、畜牧业、水产业、加工业各业因地制宜，协调发展的大农业结构，和"种养加，贸工农，农科教"相结合的格局。所有生态村都具有种植业、养殖业或者其他另外两种以上的产业，有的以种植业为主，有的以畜牧养殖业为主。以静海县东双糖村为例，该村有2000亩粮田、2000亩饲草田、500亩绿色食品菜地、规模2000头的奶牛场，另外还有以奶制品厂、冬菜厂为代表的17家工业企业。

2. 农业的基础地位牢固

农业是国民经济的基础，农业基础设施是农业生产的保障。生态村的建设过程中十分重视农田基本建设，农业机械化建设，水利基础设施建设。农业物质和技术装备好，农业现代化水平较高，抵御自然灾害的能力较强，种植业可以旱涝保收。以西青区水高庄为例，3小时排完

120毫米的降雨，5天浇完所有耕地，7天收割完4000亩小麦，7天完成6000亩土地播种。

3. 发展经济与资源环境保护并重

生态村工业基础牢固，工业总产值占全村国民经济总值的90%以上，工业涉及面较广，包括机械、电器、轻纺、橡胶、农产品加工等。虽然生态村的工厂多，但是十分重视环境保护，生态村的所有企业均为少污染企业或无污染企业，生产过程中特别注意污染治理。"三废"排放均符合国家排放标准。

农业生产过程中注重土地资源保护，一方面严格保护耕地面积，保证耕地面积不减少；另一方面生产过程中注意施用有机肥，秸秆还田，培肥土壤，减少化肥使用量，采用生物防治技术，减少农药使用量，大力推广使用低残留农药。既重视提高产量，又重视环境保护。

4. 运用生态学原理，优化经济结构，合理充分利用资源

生态村经济结构内部产业，一般由种植业、养殖业、畜牧业等组成。物质从种植业进入畜牧业，然后再进入养殖业业。能量在各产业间循环流动，遵从生态学的物质循环、能量流动规律，优化村里的经济结构，资源利用率高，实现资源的可持续利用。如宁河生态农场枣宁河原种猪厂，2000亩耕地种植玉米等饲料粮，饲料经加工后直接进入畜牧业用于喂猪、牛，畜禽粪便用于养鱼流入养殖业，剩余养分进入种植业随水浇灌流入土壤。同时利用养殖水面养殖水生植物水葫芦，水葫芦是良好的青饲料，用于养猪；猪的粪便经处理又还回鱼池养鱼或随水流入农田。

5. 因地制宜形成生态产业

随着社会的发展进步，人民生活水平的不断提高，安全健康的农产品需求量越来越大。生态村的环境优美，污染少，畜牧业发达，有充足的有机肥，使用化肥、农药少，为生产安全健康的绿色农产品提供了良好条件。近郊的几个生态村大力发展蔬菜、养殖，既发展了经济，又解

第五章 我国新农村建设典范

决了城市的"菜篮子"。又例如静海县东双糖村,利用村里畜牧业发达和传统加工冬菜的优势,种植大白菜,然后加工成绿色食品,出口创汇,形成了独特的生态产业。

6. 建设社会主义精神文明

生态村经济发展以后,十分重视社会主义精神文明建设和福利建设。投入大量资金兴修与人民生活息息相关的福利工程等,如饮水除氟工程等,改善人民的生活条件。投入大量资金发展教育,实施"科教兴农"战略。重视成人教育,开展各种各样的文化活动,提高村民素质。投资养老保险,兴建福利院。

生态村建设存在的问题及对策

目前我国的生态村建设还处于初期阶段。以天津市为例,主要是一些有自发生态意识的村场,建设到一定的阶段,具备生态村的条件,有环保局、农林局推荐、申报,还是一种政府行为。各个申报村、场建设还缺乏积极性,对生态村建设的认识远远不够。

针对以上问题,需要从以下几个方面着手解决:

首先,把宣传生态意识和建设社会社会主义精神文明相结合,树立整个农村社会的全新的发展观念,包括提高以思想道德修养、科技教育水平、民主法制观念为主要内容的村民素质;提升以积极健康、丰富多彩、服务人民标准的文化生活质量;提高以社会风气、公共秩序、生活环境为主要标志的农村文明程度,树立生态意识,引导农民群众保护环境,克服短期行为,协调人与自然的关系,注重资源的永续利用。努力开创物质文明、精神文明和生态文明协调发展的良好局面。利用各种宣传手段,普及提高广大农民的生态意识。

其次,加大生态村建设的投资力度。目前,生态村建设投资严重不足,这也是村、场积极性不高,生态村建设缓慢的重要原因。在以后的生态村建设过程中，应与各种建设开发相结合。党的十五届三中全会明确指出，生态工程建设要同国土整治、产业开发和区域经济发展相结合。生态村建设的组织部门要加大综合协调能力，寻求政府行为的最强有力支持系统和资金的支撑。

最后，生态村建设范围广，涉及门类多。包括的产业类型、行业范畴也将越来越广泛，因此，在建设过程中组织建设部门、行政领导部门要自上而下，群策群力，打总体战，从思想上形成共识、目标上高度统一、行动上形成合力，强化宣传引导，注重实际效果，转变领导方法，变政府行为为公众参与，推进生态村建设整体发展，促进生态农业战略升级，实现农业和农村经济、社会和生态的可持续发展。

第五章 我国新农村建设典范

第四节 安徽宿州市夏刘寨村

如果用天翻地覆来形容安徽省宿州市埇桥区夹沟镇夏刘寨村这10多年来的发展变化，一点也不为过。

1999年，夏刘寨村人均纯收入580元，2009年人均纯收入近7000元。

1999年，夏刘寨村人均住房面积不足10平方米，2009年人均住房面积达48平方米，而且是楼上楼下、电灯电话，门前绿化、亮化、硬化，现代化设施一应俱全。

1999年以前，夏刘寨人就连卖粮买菜也必须到30多里以外的集镇上，而如今，新兴的集贸市场和公交车站就在自己的家门口。

2003年以来，夏刘寨村先后被评选为"省新农村建设示范村"、"中国农村改革典型村"、"全国绿色小康村"、"全国文明村"……

短短10年间，是什么力量使夏刘寨村发生了如此巨大的变化？党的科学发展观以及围绕科学发展制定的一系列政策，充分调动了夏刘寨村农民生产的积极性、主动性与创新精神。

历史上的夏刘寨三面环山，交通不便，下辖4个自然村，2200余口人，可耕地面积5000多亩，山坡、山荒面积万余亩，是一个典型的贫困村。

1999年新一届领导班子上任后，在科学发展观的指导下，始终以时代进步为出发点，以使命为责任，以农民的最大满意为根本，理清科学发展社会主义新农村的思路。

科学发展社会主义新农村，首先要调动农民的积极性。20世纪末，由于各种原因，夏刘寨村的农民种田的积极性受到了影响，甚至出现了

故意抛荒现象。为了稳定土地承包关系,确定新型农民的主体地位,村两委经过反复研究并经村民代表大会表决通过,每个农民提供1/4土地,总计500亩,由化东农业科技有限公司统一经营,公司为每户承担农税和公差提留,利润分红。公司在获得流转土地经营权的同时,也使全村的农业生产走上了规模化、产业化的经营之路。经营规模也由最初的500亩,扩大到2006年的5000亩,2008年开始又向周边村扩大至1.6万亩,并全部实行统一管理、统一耕种、统一收割销售,提高了生产力和竞争力。

  破解发展难题,改变原有单一的经济结构和发展模式、不断提升广大农民的生产生活质量,是夏刘寨村党委推动科学发展的重中之重。

  夏刘寨村有万余亩荒山荒坡。过去农民在荒坡上栽红薯、种芝麻,遇上好年景,每亩收入也就在百元左右,遇上坏年景就会颗粒无收,不但造成资源的极大浪费,而且导致水土严重流失。2002年,村两委三次组织干部、群众代表到河南、山东,参观考察先进的干杂果生产基地。这年冬天,一场向荒山进军的硬仗打响了。由于很多农民外出打工,他们在劳力严重不足的情况下,硬是一炮一堆渣、一锨一团火地在荒山秃岭乱石堆里整地打穴1500亩,连续三年内,共投资近百万元,开发荒山万余亩,栽植各种干杂果树80万棵。过去一毛不拔的荒山秃岭,如今已经变成集生态农业、生态观光旅游于一身的"花果山"。2007年,夏刘寨村被评为"全国绿色小康村"。

  夏刘寨村农业的规模化、经营的产业化,把全村的劳动力从土地上解放出来。以土地和劳动力为纽带,公司和农民结成了共同体,比较成

第五章　我国新农村建设典范
DI WU ZHANG WO GUO XIN NONG CUN JIAN SHE DIAN FAN

功的解决了"人到哪里去，钱从哪里来"这两大难题。目前该公司拥有职工300多人，技术人员50多人，资产已达1000余万元，年销售收入6600万元，年利润300万元，和下属的建筑安装、农业开发、畜禽养殖、食品加工、良种轧花五个子公司共同走出一条生产加工与销售一体的路子。

夏刘寨村民人人有事干，个个有工资。

夏刘寨村从化东农业开发有限公司成立第一天起，就把引导农民学科技、引科技、用科技、培育新一代农村人才作为推动科学发展的重要策略。多年来，他们与山东农业大学、安徽农科院、上海交通大学等十多家科研单位建立了合作共赢的牢固基础。2000年前，夏刘寨村的小麦每亩播量大都在20千克以上，而亩产只有300千克左右。2002，年公司从山东农科院引进转基因优质1号小麦，播种量仅5千克，而亩产却达到550千克以上。

农科合作共享机制，促进了夏刘寨村农产品质量安全绿色行动，提高了农产品的市场竞争力。公司成立科技示范园、绿色食品生产示范基地。2005年，夏刘寨村的糯玉米、面粉均获"中国绿色食品"认证，2006年，夹沟香米获"中国有机转换产品"认证。他们创出有机农产品品牌，注册有机转换产品商标，发展新型流通业态，向南京、深圳、上海等大城市的市场配送农产品，供不应求，取得了良好的经济效益。

为了适应科学发展的需求，培育新型农民，夏刘寨村还先后成立了

建设低碳环保新农村

蔬菜合作社、农机合作社、黄桃合作社等6个专业合作社,开展专业化、系列化服务,整合现代农业要素,提高农民的组织化程度和参与农业产业化经营的能力。他们还实施了"双培双带"先锋工程,全村70名党员,发挥果树栽培、良种繁育、科学饲养等一技之长,与226户村民结对子。2009年,实现帮扶农户人均收入6300元,创造出让群众满意的业绩。夏刘寨村的党委书记王化东,2003年、2004年连续两年被评为"全国十大种粮标兵",2005年被评为"全国劳动模范""第一届中国杰出青年农民""全国农村改革风云人物"、"全国优秀党务工作者",2007年当选为党的十七大代表。

十年中,夏刘寨人创造了足以让历史和世人铭记的辉煌,拥有让人难以企及的荣耀。

十年的发展史,也让夏刘寨人面临着日益严峻的考验。

夏刘寨村以后的路该如何走?温家宝同志在蚌埠市接见村党委书记王化东时,语重心长的向夏刘寨村全体党员干部群众提出了这样的问题。

在夏刘寨村开展了一场"主动寻找差距、清醒认识差距、科学弥补差距、强化忧患意识"的大讨论。

夏刘寨村紧紧围绕"建设科学发展的新夏刘寨"的主题,征求群众意见800多人次,收到意见和建议372条。联系实际开展"四查四看":查思想解放,看发展理念新不新;查科学发展,看发展方式优不优;查改善民生,看为群众办实事的力度大不大;查廉洁自律,看干部作风实不实。通过自我检查、自我反省、自我评价,找出阻碍夏刘寨村科学发展的原因。

说了就算,定了就干。夏刘寨人凭借自己的智慧和力量,依靠科学

第五章 我国新农村建设典范

发展观和特别能战斗的夏刘寨精神,以令人瞩目的速度继续发生着变化:

投资980万元的劈山公路开通,让周边5万余群众受益;

一个集商贸、居住为一体的1.8万平方米的商贸街建成使用;

投资3300万元的土地复垦整村推进项目开始动工,一期200户新农居将在不久投入使用。

投资1亿元的蔬菜加工项目开始上马;

投资3亿元的温泉浴场前期勘探设计工作全部结束,开工在即;

……

曾经的凤阳小岗村,吹起了中国改革开放的号角。今天,夏刘寨村新农村建设的大旗开始飘扬。

第五节　广东梅州市和村

　　广东梅州市大埔县枫朗镇和村，与福建省平和县九峰镇、潮州市饶平县上饶镇相连，是两省三县的交界结合部，堪称大埔"东大门"。为建好大埔"东大门"，近年来，该村借着扶贫"双到"东风，在县、镇和帮扶单位广东省建筑工程集团有限公司的共同努力下，筹资近千万元建设社会主义新农村，取得了令人瞩目的成绩。

美化村容村貌，建设秀美家园

　　和村距枫朗镇政府有18千米，蜿蜒的盘山公路直通小村，贯穿潮汕和福建。从圩镇到和村，尽管要历经"山路十八弯"，但是，一进入村子，眼前呈现的却是另一番景象。山水怀抱中，尽是崭新别致的民居、簇拥的小商铺和农家饭馆，俨然就是一个与世隔绝的小集市。虽然只是个村，和村却有自己的赶集日。每逢赶集日，周边九峰镇和上饶镇

第五章 我国新农村建设典范

的村民都会不约而至,有的售卖自制的农具和特产,有的采购各种果蔬和种苗,小小山村熙熙攘攘,商铺、饭馆自然随着兴旺。

村中央,正在建设一个一溪两岸的文化广场。丰沛的溪水自上饶镇永善村流入,新砌的堤岸不久就可完工;堤岸上,早已铺下了松软的泥土,准备栽种花木,摆放石凳;占地5000多平方米的文化广场位于公路对面,这里将建设露天舞台,健身器材和配套绿化设施一样也不少,这里将是和村农民最重要的健身休闲场所。然而,就在不久前,这里却是另外一番景象,村民们长年累月往溪里倾倒垃圾,河床因此被堆得很高,村民们甚至在河床上种蔬菜、果树,原本宽阔的溪面只剩下涓涓细流。在帮扶单位省建工集团和县、镇各级政府的共同支持下,该村筹集了200多万元,清理了800多米长的河床,拆除80多间厕所、猪舍和废弃危房,化"腐朽"为"神奇"。

这里只是和村的冰山一角。自2010年以来,省建工集团筹集资金200多万元,完成几条自然村的道路硬化,解决了附近1000多人的出行难问题,并在全村的主要道路旁安装50多盏太阳能路灯,购置垃圾桶,修建垃圾处理池,并安排人员定期进行清理,有效改变生活垃圾随意堆放污染环境的状况,净化和村,让革命老区变身秀美新村。

建万亩蜜柚公园,发展农业旅游村

历来勤劳的和村村民,将600多亩耕地和1万多亩山地的作用发挥到了极致,种植了近4000亩蜜柚和1000多亩青梅。

每年春季,满目苍翠的和村摇身一变成为洁白的"花海":梅香四溢,柚花醉人,过往游客忍不住停车观望,爬上小山坡,依恋在果树间,沉醉在花香里。要是到了青梅、蜜柚采摘季节,和村更是热闹非凡,潮州、福建和大埔各地的游客纷至沓来,在享受采摘乐趣的同时,也陶醉于和村的美丽景色之中。

近年来，和村依托大埔县顺兴种养集团的龙头带动，走出一条"公司+基地+农户"的现代农业发展路子，成为广东省最大的出口柚果加工企业的有机蜜柚生产基地，所生产的有机蜜柚更是远销欧盟。和村拥有农业产业优势的同时，还因其是潮汕、福建平和进入大埔的必经之地，坐拥几百万的潜在客源，具有良好的旅游市场。所以，和村不断发挥自身资源优势，进一步扩大蜜柚种植，并辐射带动周边村，建设万亩蜜柚公园，着力发展农业经济和旅游经济。如今，该村已请专家对万亩蜜柚公园的建设进行更加科学的规划。

"双到"灭穷根，建设和谐幸福村

此前，和村是典型的革命老区，山多地少，备受贫穷困扰。2009年，该村13个村民小组426户中还有贫困户90个，村集体经济年收入仅5000元。省建工集团帮扶该村后，先后投入530多万元，在建设新农村的同时，不断完善脱贫思路，帮助农户发展种养业，同时进行保障帮扶、安居帮扶、智力帮扶和技能帮扶，有效掐灭贫穷根。据统计，该集团为全村66个贫困户购买了最高档的养老保险，是全县最早完成，也是全县唯一将购买养老保险范围扩大至57岁以上的村。此外，和村还分别入股梅州市同仁柚果出口农民专业合作社和枫朗镇水电站各50万元，增加集体经济收入。如今，和村的村集体经济年收入由原来的5000元增加到了10万元，种植户的年平均增收近万元，村民人均收入五年来增长了63.7%，从4398元上涨到了7200元。

第五章 我国新农村建设典范

第六节　重庆市龙宝塘村

重庆市武隆县仙女山镇龙宝塘村，曾经是镇上最贫穷、最落后的村子。可如今，村民们的日子过得越来越好，而且该村还成为远近闻名的新农村建设示范点，在去年，该村如愿以偿的获得了"全国文明村"的称号。用当地村民的话说，村子的变化得益于一个人，那就是带领大家致富的村支书冉小明。

最穷乡村走上致富路

龙宝塘村位于仙女山镇的东北部，距县城29千米，距镇政府所在地7千米。全村共有5个村民小组，人口851人，幅员面积45.2平方千米，共有耕地面积2583亩。龙宝塘村一直是仙女山镇最贫穷最落后的一个村。

1998年，冉小明开始在龙宝塘村任职并当上了副主任。从2004年

起,他都是龙宝塘村的党支部书记。自他任村干部以来,他就给自己定了一个目标——带领家乡人民共同发展、共同致富,并以此作为自己的人生理想和目标。

2005年,龙宝塘村迎来了历史机遇。冉小明非常珍惜这来之不易的机会,他创新管理,拓展思路,号召全村男女,投资投劳,助推全村经济发展。从此,龙宝塘村摘掉贫穷的帽子,走向致富奔小康之路

截至2006年底,他共带领群众自发集资85万元,投劳1.5万余人次,新建柏油村道公路5千米,社道公路5条共25千米。同时还在农户危房、饮水池、排洪渠等民生方面下功夫,让该村的交通、通信、饮水条件得到极大改善。

在围绕培育打造村级特色产业上,该村也先后发展厚朴中药材6000余亩,玄参中药材1200余亩,反季节蔬菜600亩,烤烟150亩,冷水鱼养殖80亩,骨干产业覆盖率达到98%。龙宝塘村贫困人口发生率由38.5%一下降为2.8%,全村农民人均纯收入从2004年的1410元增长到了现在的7000多元。

走家串户听取村民建议

虽然制定了新目标,但是怎样让大家的心聚集一起,共同为龙宝塘村的发展出一份力呢?

冉小明首先考虑到干部队伍。2004年,他重整干部队伍,把政治觉悟高、工作能力强的一批干部提到主要领导岗位,逐渐打造了一个"能想事、干事、成事、不坏事;能搭台、扛台、补台、不拆台"的领导集体,为整村扶贫和新农村建设的各项工作顺利开展提供了有力保障。

建设新农村,规划要先行。冉小明带领村支两委认真学习新农村建设的相关政策,明确制定了新农村建设目标,让全体干部树立主人翁意识,转变思想观念。在规划之前,冉小明带领村支两委通过走家串户,

第五章　我国新农村建设典范
DI WU ZHANG WO GUO XIN NONG CUN JIAN SHE DIAN FAN

走访听取村民的意见和建议，深入了解各位村民的基本情况，然后，根据掌握的实际情况及学取的先进经验与党员干部共同商量制定可行性工作方案。在规划新农村建设中坚持硬件建设与软件建设相结

合的方式，按照"三通四改"（即通路、通电、通广播电视；改水、改厕、改路、改造住房）和"五化五有"（即规划布局合理化、村容村貌绿化美化、排水排污暗渠化、禽畜饲养专栏化、卫生保洁经常化；有村前标志建筑、有文体活动场所、有公共卫生设施、有无线网络培训基地、有科教文卫园地）方针和策略打造生态旅游、观光农业、休闲度假、闲暇垂钓为一体的乡村旅游，提升新农村品位。

村落处处能见林荫小道

龙宝塘村以房前屋后环境卫生、绿化工程等项目建设为工作切入点，结合"五好家庭"、"美德在农家"等评比活动，通过抓试点带整体，推进人居环境整治工作，彻底改变过去的"脏、乱、差"现象。村边小道绿树成荫，居住环境与城市别无二致。

自开展新农村建设以来，龙宝塘村改造农房风貌50户，绿化庭院20余户，硬化人行路60千米，硬化院坝50户，新建球场两个，清理卫生死角100余处，清运垃圾、建筑残土500余吨，治理河道5千米，清理边沟5000多米，对道路两旁进行了绿化，形成了一个壮丽美观的林荫小道。在改善和美化生活环境的同时，也为乡村旅游提供了更好的度假环境。

村民文化素质全面提升

为了满足村民对科技文化的渴求，2008年以来，龙宝塘村共投资10万余元，建立农民素质教育培训室，先后开办了基本素质、文明礼仪、道德规范、法制知识和科技知识培训班，学习贯彻《重庆市市民礼仪手册》，深入实施《公民道德建设实施纲要》，加强《村规民约》的宣传推广，共培训村民达2400余人次。

村民感慨地说："以前想看点书，还不晓得到哪里去找，现在，在村里的阅览室里，啥书都能找得到，学习起来很方便。"在龙宝塘村的农民图书阅览室中，有图书近3000余册，每年订阅近千元的报刊。村活动室配置了电教设备、光盘，设置了网络远程电教室，为村民提供了良好的学习硬件设施。无业游民少了，闲扯的人少了，村民一有空，就会往阅览室跑。

不仅如此，村里还建成了农民素质教育培训点，提升村民思想道德素质和创业文化基础。为此，龙宝塘村从高校聘请老师，对未成年人进行爱国主义思想和品德教育。经过几年的努力，龙宝塘村九年制义务教育人口覆盖率达100%，职业教育与高中教育入学率达到90%以上，大学入学率达到80%。

为了弘扬社会正气，倡导家庭美德，龙宝塘村经常开展"文明户"、"星级农户"、"遵纪守法户"、"科技示范户"、"五好家庭"、"美德在农家"、"婚育新风进万家"等创评活动。通过这些创评活动的开展，龙宝塘村形成了良好的风尚。如今在全村，没有封建迷信、没有打架斗殴、没有上访告状，更没有刑事犯罪的发生。

从2005年起，龙宝塘村逐渐成为远近闻名的新农村建设的示范村。